# 科学知识图谱原理及应用
## ——VOSviewer 和 CitNetExplorer 初学者指南

Principles and Applications of Mapping Knowledge Domains
A Beginner's Guide to VOSviewer and CitNetExplorer

李 杰 著

本书顾问：
（荷）尼斯·杨·凡·艾克（Nees Jan van Eck）
（荷）卢多·瓦特曼（Ludo Waltman）

高等教育出版社·北京

# 序

信息技术溪流已淌过计算机丛林，经互联网汇成滚滚洪流形成"数字地球"，并海纳百川积成"大数据"海洋。于是奇景涌现：波普尔"三个世界"理论中，由"世界2"（精神世界）认识"世界1"（物理世界）而形成"世界3"（知识世界）的顺序，被颠覆为通过"世界2"认识"世界3"来认识"世界1"的本质与规律；"数据密集型科学发现"范式横空出世，继实验科学、理论科学、计算科学范式而成为科学研究的"第四范式"……科学知识图谱理论与应用技术随信息技术大潮在21世纪初应运而生、迅速发展，并向着"知识发现"的问题导向性应用、专题应用性交互设计、通用性软件开发等需求洼地呈梯度式奔涌，势不可挡。

该书正是科学研究第四范式的一种实现手段和工具。它基于特定大数据，按问题导向进行数据关联分析，力求发现事物的本质和关系，通过可视化技术显示知识单元或知识群之间的网络、结构、互动、交叉、演化、衍生等复杂关系，从而解决大量具体的知识发现问题。正如刘则渊教授指出的：科学知识图谱（Mapping Knowledge Domains，MKD）是显示科学知识的发展进程与结构关系的一种图形，是科学计量学从数学表达转向图形表达，由知识地图转向以图像展现知识结构关系与演进规律的结果。作为知识发现工具，VOSviewer长于主题挖掘、文献耦合、共被引以及合作网络等分析，CitNetExplorer可进行文献时序引证网络分析，能有效地揭示科学知识的结构关系和发展进程并予图像化展现，满足相关的应用需要。

该书作者长期潜心于安全科学原理、科学计量学及科学知识图谱应用交叉领域的研究，与国内外相关知名学者交流合作频繁，获博士学位之际已发表论文50余篇，包括在《科学计量学》（*Scientometrics*）、《安全科学》（*Saferty Science*）等国际权威期刊发表的数篇高水平SCI论文，已出版4部专著，应邀到多所高校和研究机构进行知识图谱相关交流和学术讲座。

科学研究第四范式之数据驱动型科学发现，将引领研究者把握科技前沿领域、研究热点，适应未来科技方向的需求，该洼地性需求势必大力推动科学知识图谱原理、方法、可视化软件工具的快速发展，由此带来MKD应用文献数量的暴发性增长、MKD实现软件的可视化和互动设计不断完善以及MKD通用性互动设计软件的发展。无论您有上述何种需求，都可从该书中获得相关知识和灵感。可以说，第四范式将成为科学研究的新常态，该书则是第四范式践行者的科学寻宝指南，有志的工具使用者、技术开发者都将由此获得学术和技术先机，勇立科技创新潮头，强国惠民，让人类生活更幸福，让世界更美丽。

上海市科学技术情报学会副理事长、教授

陈伟炯

2018年3月于上海浦东

# 前　言

在科学计量学理论、大数据和数据可视化技术的推动下，科学知识图谱的理论和方法在近十年来取得了飞速的发展。特别是在科学知识图谱的发展过程中，相继诞生了一批操作简便、功能强大、结果可靠的科学知识图谱分析工具。这使得该方法不仅仅局限在科学计量领域内的实践研究上，也为其他领域的科学知识图谱的绘制提供了广阔的空间。当前，科学知识图谱在医学、体育、教育以及经济学等多个领域有了系统性的应用研究，为这些领域的学者带来了理解知识的新模式。这种以可视化的方式去认识、理解和解读相关知识域的方法之所以受到科研人员的青睐，说到底就是因为它为我们提供了一种新的认识知识世界的方式。

据笔者不完全统计，目前直接或间接用于科学知识图谱绘制的工具不少于30种。这些工具各具特色，都融入了开发者和设计者的心血。本书介绍的VOSviewer和CitNetExplorer以及与之关联的科学知识图谱工具（HistCite、CRExplorer和RPYS i/o等），是笔者在这些工具群中有意挑选的一组。本书重点介绍的VOSviewer和CitNetExplorer的开发者凡·艾克（Nees Jan van Eck）和瓦特曼（Ludo Waltman）来自享有盛誉的国际科学计量研究机构——荷兰莱顿大学科学技术研究中心。更值得一提的是，两位开发者都出生在1982年，且同年博士毕业于荷兰鹿特丹伊拉斯谟大学。在博士就读期间，他们就已经开始有关合作，从理论、算法和可视化上对科学知识图谱进行系统研究，并共同在多个国际知名期刊上发表系列论文。如今开发者凡·艾克已经是多个国际期刊的编委，且负责莱顿大学科学技术研究中心的IT部门。瓦特曼不仅是多个期刊的编委，而且在2014年10月1日成为国际权威期刊《计量情报学期刊》（*Journal of Informetrics*）的主编。在科学计量学界利奥·埃格赫（Leo Egghe）和罗纳德·鲁索（Ronald Rousseau）被称作科学计量界的"双子星座"[①]，那么凡·艾克和瓦特曼将很可能成为新的"双子星座"。

本书分为三大部分，共8讲内容：

第一部分：第0讲至第2讲是关于知识图谱分析的基础内容。该部分依次介绍了科学知识图谱的基本理论、方法和相关的历史资料，VOSviewer和CitNetExplorer的基本情况和数据分析的准备。

第二部分：第3讲至第5讲为VOSviewer1.6.4软件的详细介绍。主要从软件的下载、安装、基本原理以及核心的数据分析功能等方面对VOSviewer进行了全方位的系统介绍。

第三部分：第6讲和第7讲对文献引证网络分析软件CitNetExplorer进行系统介绍。与此同时，对加菲尔德[②]开发的引文历史分析软件HistCite以及莱兹多夫[③]近期开发的文献年谱分析工具CRExplorer和RPYS i/o进行了介绍。

---

[①] 埃格赫和鲁索为师生关系，两人于2001年获得国际科学计量学界的最高奖——普赖斯奖。
[②] 加菲尔德（Eugene Garfield）博士是SCI的创始人，1984年获得普赖斯奖。
[③] 莱兹多夫（Loet Leydesdorff）是阿姆斯特丹大学教授，2003年获得普赖斯奖。

本书在附录中增加了常见的科学计量和图谱分析工具列表以及其他信息，以帮助读者更全面地认识和使用科学知识图谱的工具和方法。

本书在写作过程中得到了多方面的大力支持。首先，要感谢凡·艾克和瓦特曼。我在代尔夫特理工大学安全系的办公室与凡·艾克谈及出版该书的想法时，得到了他以及后来瓦特曼的大力支持。在写作过程中，两位更是提供大量的原始资料、意见和建议，使得本书能够顺利完成。感谢CiteSpace科学知识图谱软件的开发者陈超美教授，陈教授是全球科学前沿图谱研究的领军人物。从我2013年8月参加陈老师的科学知识图谱讲座到现在，陈老师持续地为我在科学知识图谱的学习和研究中提供帮助。感谢国内科学知识图谱研究的开创者大连理工大学刘则渊教授，刘老对我在知识图谱研究中的支持、鼓励以及无私的帮助，是我能够坚持进行知识图谱研究和实践的重要动力来源。感谢上海市科学技术情报学会副理事长陈伟炯教授在百忙之中阅读书稿，并拨冗作序。感谢科学计量学和知识图谱研究的同行：安徽财经大学魏瑞斌博士、中国科学院文献情报中心杨立英博士、浙江大学李江博士以及四川大学李睿博士，感谢他们为本书撰写的推荐语。最后，特别感谢我的爱人隗合佳女士，对于我完成的所有书稿，她永远是第一位读者。学习法律专业的她，总是能从不同的视角建议我去修改、补充、完善每一版文稿。

笔者衷心地希望，本书能够帮助读者绘制出可靠、清晰、美观的科学知识图谱，使读者节约出大量的时间来仔细分析、解读和总结知识图谱的意义，从而使绘制的知识图谱不仅被专业领域的专家认可，更能够长时间地为专业领域服务。

李杰

2017年夏于上海浦东

lijie_jerry@126.com

# 目 录

**第0讲　认识科学知识图谱** ............................................. 1
 0.1　科学知识图谱的兴起及发展概况 .................................. 1
 0.2　科学知识图谱可以做些什么 ...................................... 6
 0.3　科学知识图谱分析的基本步骤 .................................... 7
 0.4　科学知识图谱的可视化表达 ...................................... 9
 0.5　科学知识图谱工具有哪些 ....................................... 15
 0.6　本书的写作动机和框架 ......................................... 16

**第1讲　VOSviewer和CitNetExplorer概述** ............................. 21
 1.1　软件作者 ..................................................... 21
 1.2　软件简介及使用情况 ........................................... 22
 1.3　分析步骤 ..................................................... 25

**第2讲　科技文献初级检索和数据获取** ................................. 27
 2.1　英文数据库检索技巧概述 ....................................... 27
  2.1.1　英文数据检索常用符号 .................................... 28
  2.1.2　数据库检索功能的分类 .................................... 28
 2.2　WoS数据获取 .................................................. 31
 2.3　Scopus数据获取 ............................................... 34
 2.4　PubMed数据获取 ............................................... 36
 2.5　谷歌学术数据获取 ............................................. 37
 2.6　中文数据获取 ................................................. 42

**第3讲　VOSviewer界面及基本原理** ................................... 45
 3.1　软件下载和安装 ............................................... 45
 3.2　软件界面功能 ................................................. 46
  3.2.1　A区——可视化原理参数设置区 ............................. 46
  3.2.2　B区——可视化结果展示区 ................................. 49
  3.2.3　C区——可视化效果调整区 ................................. 50
 3.3　文献计量学分析原理 ........................................... 52
 3.4　文献图谱分析基本原理 ......................................... 56
  3.4.1　计数方法 ................................................ 56
  3.4.2　矩阵的标准化方法 ........................................ 62
  3.4.3　布局和聚类分析方法 ...................................... 63

|       |       |                                              |     |
| ----- | ----- | -------------------------------------------- | --- |
|       | 3.4.4 | 密度图原理                                    | 65  |
|       | 3.4.5 | 主题挖掘原理                                  | 65  |

## 第4讲 VOSviewer核心功能 　　　　　　　　　　　　　　　　　67

  4.1  网络文件的可视化分析 　　　　　　　　　　　　　　　　67

  4.2  科技文献网络的可视化分析 　　　　　　　　　　　　　　70

      4.2.1  科技文献的耦合分析 　　　　　　　　　　　　　　73

      4.2.2  科技文献的作者合作分析 　　　　　　　　　　　　81

      4.2.3  科技文献的关键词共现分析 　　　　　　　　　　　89

      4.2.4  科技文献的引证分析 　　　　　　　　　　　　　　91

      4.2.5  科技文献的共被引分析 　　　　　　　　　　　　　95

  4.3  科技文献主题的可视化分析 　　　　　　　　　　　　　　99

  4.4  科技文献信息的叠加分析 　　　　　　　　　　　　　　　104

      4.4.1  领域叠加结果的辅助可视化 　　　　　　　　　　　104

      4.4.2  期刊叠加结果的辅助可视化 　　　　　　　　　　　109

  4.5  VOSviewer对会议论文的主题挖掘 　　　　　　　　　　　115

## 第5讲 VOSviewer常用功能补充 　　　　　　　　　　　　　　　119

  5.1  图谱元素的编辑 　　　　　　　　　　　　　　　　　　119

  5.2  算法和布局的调整 　　　　　　　　　　　　　　　　　121

  5.3  聚类和密度图颜色的调整 　　　　　　　　　　　　　　122

  5.4  图谱结果的分享 　　　　　　　　　　　　　　　　　　126

  5.5  软件使用内存的扩大 　　　　　　　　　　　　　　　　126

  5.6  网络文件的Gephi可视化和Pajek可视化 　　　　　　　127

      5.6.1  使用Gephi可视化VOSviewer的完整分析结果 　　129

      5.6.2  使用Pajek可视化VOSviewer的完整分析结果 　　129

  5.7  科研产出及合作网络的地理可视化 　　　　　　　　　　131

      5.7.1  使用GPS Visualizer进行可视化 　　　　　　　　133

      5.7.2  使用谷歌地图进行可视化 　　　　　　　　　　　134

      5.7.3  使用Pajek进行可视化 　　　　　　　　　　　　135

      5.7.4  使用爱思维尔地理可视化工具 　　　　　　　　　135

## 第6讲 CitNetExplorer界面及基本原理 　　　　　　　　　　　139

  6.1  软件下载和安装 　　　　　　　　　　　　　　　　　　139

  6.2  软件启动界面 　　　　　　　　　　　　　　　　　　　140

  6.3  软件基本原理 　　　　　　　　　　　　　　　　　　　150

| | | |
|---|---|---|
| 6.3.1 | 垂直维度的文献分布 | 151 |
| 6.3.2 | 水平维度的文献分布 | 151 |
| 6.3.3 | 引证网络的分析原理 | 152 |
| 6.3.4 | 网络剪裁的基本原理 | 152 |
| 6.3.5 | 网络扩展和深入分析 | 153 |

## 第7讲 CitNetExplorer 及相关软件核心功能　　157

### 7.1 CitNetExplorer 引文网络及相关软件　　157
- 7.1.1 CitNetExplorer 引文历时网络分析　　157
- 7.1.2 HistCite 引文历时网络分析　　162
- 7.1.3 CRExplorer 参考文献时间谱分析　　170
- 7.1.4 RPYS i/o 参考文献时间谱分析　　182

### 7.2 CitNetExplorer 常用功能补充　　188
- 7.2.1 Drill down 和 Expand 功能　　188
- 7.2.2 Core publications 功能　　191
- 7.2.3 Shortest/Longest path 功能　　193

### 7.3 CitNetExplorer 对 H 指数的分析　　195

## 附录　　199
- 附录A　WoS 核心合集数据格式　　199
- 附录B　科技文献挖掘及可视化软件　　202

## 参考文献　　205

# 第0讲　认识科学知识图谱

## 0.1　科学知识图谱的兴起及发展概况

国外的科学知识图谱（Mapping knowledge Domains, MKD）绘制起源于2003年5月美国国家科学院组织的一次研讨会。当时会议的组织者和参与者包括了多个最知名的关于科学计量和数据可视化的专家学者，如史蒂夫·莫利斯（Steven Morris）、陈超美（Chaomei Chen）、尤金·加菲尔德（Eugene Garfield）以及凯蒂·博纳（Katy Börner）等。会议的议题包括数据库、数据格式和存取（Session 1: Data-bases, Data Format & Access）、数据分析算法（Session 2: Data Analysis Algorithms）、可视化与交互设计（Session 3: Visualization & Interaction Design）以及应用前景（Session 4: Promising Applications），共四个部分（如图0.1）。会议结束后，2004年4月6日，《美国科学院院刊》（*Proceedings of the National Academy of Sciences of the United States of America, PNAS*）发表了一期科学知识图谱专刊。

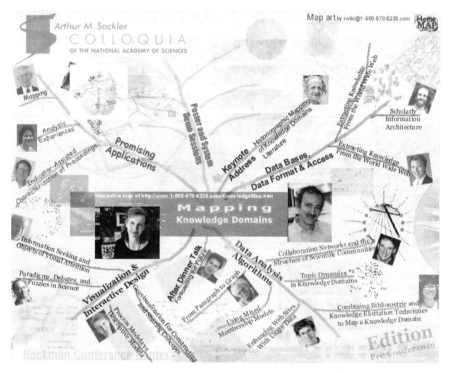

图0.1　2003年科学知识图谱会议的成员及主题[①]

---

[①] 参见www.1-900-870-6235.com/KnowledgeMap.htm，2015-11-12。

2004年4月10日,大连理工大学刘则渊教授受到《参考消息》上一篇题为《科学家拟绘制科学门类图》的文章启发,在国内率先带领自己的团队开始了科学知识图谱研究工作,并创建了大连理工大学网络–信息–科学–经济计量实验室(WISE Lab of DaLian University of Technology),为我国培养了一批专门从事科学知识图谱理论与实践研究的专业人才。刘则渊教授将科学知识图谱定义为:以知识领域为对象,显示知识的发展进程与结构关系的一种图形。科学知识图谱具有"图"和"谱"的双重性质与特征:既是可视化的知识图形,又是序列化的知识谱系,显示了知识单元或知识群之间网络、结构、互动、交叉、演化或衍生等诸多复杂的关系。知识图谱通常都是以知识网络形态展现的知识图形与知识谱系,它有许多不言自明的概念。

科学知识图谱研究以科学学为基础,是涉及应用数学、信息科学以及计算机科学的交叉领域(如图0.2),是科学计量学(Scientometrics)的新发展领域。2015年11月28日以检索式TOPIC:("map* knowledge domain*") OR TOPIC:("Biblio* map*"),在 Web of Science(简称WoS)中检索了有关知识图谱的95篇论文。对这些论文进行领域的叠加分析,结果如图0.3。可以发现,科学知识图谱涉及的领域中,来自信息科学、计算机科学以及应用数学领域的学者往往研究的是基础性的理论,如科学知识图谱的数学算法和图谱可视化的设计。来自科学计量学和科学学领域的学者通常具有文科背景,主要对知识图谱的哲学原理和表达含义进行深层次的解读。当然,具有信息科学和计算机科学背景的学者,在科学计量学和科学知识图谱领域就显得更有优势,如德雷塞尔大学的陈超美教授、印第安纳大学的博纳教授以及莱顿大学的尼斯·杨·凡·艾克(Nees Jan van Eck)和卢多·瓦特曼(Ludo Waltman)研究员。

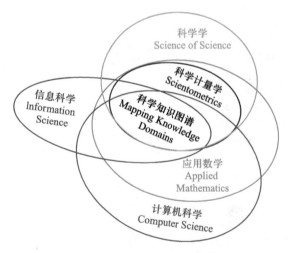

图0.2 科学知识图谱的学科背景[①]

---

① 刘则渊、陈悦、侯海燕等:《科学知识图谱:方法与应用》,人民出版社2008年版,第12页。

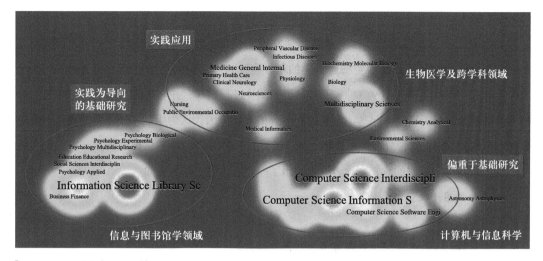

图0.3 科学知识图谱研究的领域分布

刘则渊教授进一步基于卡尔·波普尔（Karl Popper）的"三个世界"理论给出了科学知识图谱的深层次意义的关系图，即知识图谱与视觉思维的关系（如图0.4）。在波普尔的三个世界理论中，传统的看世界的方式是从世界2到世界1并形成世界3。即人类通过视觉来认识客观世界，并由此产生对客观世界认识的知识世界。科学知识图谱的方法则是从世界3出发，通过对世界3的视觉化来认识世界1。这种分析方法为研究人员提供了一种新的认识客观世界的方法和科

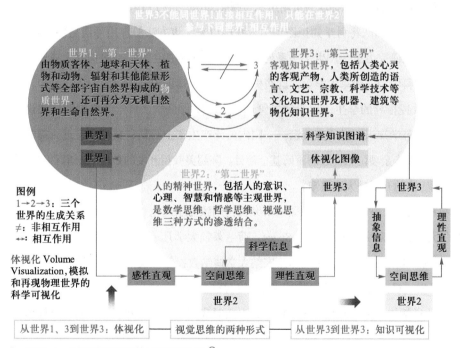

图0.4 科学知识图谱与视觉思维[①]

---

① 刘则渊：《研究和应用科学知识图谱的意义——知识图谱的科学学源流》，第三期科学知识图谱与科学计量学方法与应用高级讲习班讲义。

学发现的模式。

2015年一个比较有趣的基于文献的科学发现发表在《自然》（Nature）[①]上——德国马克斯·普朗克鸟类研究所和新西兰梅西大学的科学家通过对《世界鸟类手册》（Handbook of the Birds of the World）中共计5 983种雀形目鸟类的图片进行扫描，并对这些图片的RGB值进行分析和比较评分，分析可能引起鸟羽颜色种间差异的演化原因，认为生活环境和性选择可能是造成这种差异的主因。这种分析正是体现了从"世界3"向"世界1"的认识过程。

关于科学知识图谱的意义，学者们也给出了一些有价值的认识，如：

科学知识图谱改变你看世界的方式。

——陈超美

一图展春秋，一览无余；一图胜万言，一目了然。

——刘则渊

科学知识图谱用于发现科学新知识的逻辑基础与第四范式"数据密集型科学发现"不谋而合。2007年1月11日，图灵奖得主、关系型数据库的鼻祖吉姆·格雷（Jim Gray）在他留给世人的最后一次演讲《科学方法的革命》中，提出将科学研究分为四类范式（Paradigm），依次为实验归纳、模型推演、仿真模拟和数据密集型科学发现。其中，最后的"数据密集型"，也就是现在所称的"科学大数据"[②]。科学知识图谱的绘制和分析，基本的理念正是基于此，即从以往发表的大量科学研究的文献中，提取并重新组织可视化知识，进行知识发现。

自从刘则渊教授及其团队将科学知识图谱引入我国以来，该方法的应用可谓是遍地开花，国内也逐渐形成了一批研究力量，产生了一系列研究成果。国内的主要研究机构有大连理工大学、武汉大学、中国科学院、南京大学等，这些机构多以科学知识图谱的应用为主。其中，大连理工大学刘则渊教授指导的学生先后绘制了管理学、科学计量学、科学学等领域的知识图谱，引起了一系列的科学知识图谱研究涟漪——国内由此产生了上百篇科技论文、近百篇学位论文、数十部著作以及十余项国家资助的科研基金项目。陈超美教授开发的CiteSpace软件也随着科学知识图谱绘制工作的开展被大家熟知。

与国内的机构相比，国外的科学知识图谱研究机构则致力于理论、算法及软件和工具的开发，如德雷塞尔大学陈超美教授开发了CiteSpace，荷兰莱顿大学凡·艾克和瓦特曼两位研究员开发了VOSviewer和CitNetExplorer，美国印第安纳大学博纳教授等开发了SCI2。科学知识图谱领域专门工具的开发，极大地促进了科学知识图谱的广泛应用。

基于对国内外科学知识图谱研究情况的梳理，下面对我国今后科学知识图谱的研究提出几点建议：

---

[①] Dale J, Dey C J, Delhey K, et al. The effects of life history and sexual selection on male and female plumage colouration. *Nature*, 2015, 527: 367–370.

[②] 参见http://blog.sciencenet.cn/blog-502444-931155.html，2015-11-12。

（1）从MKD 1.0走向MKD 2.0

科学知识图谱的研究方法和理念引入我国以来，产生了大量的以科学知识图谱实践为导向的研究成果。虽然一部分科学知识图谱在科学性上欠佳，但整体上科学知识图谱研究的质量在不断提升。到目前为止，我国科学知识图谱的应用已经涉及管理学、工学、农学以及医学等领域，且应用范围还在不断扩大。科学知识图谱的应用已经在我国有了广度，但相比国外还缺少深度。为了区分我国过去的MKD研究和将来的MKD研究，这里将上一个阶段的科学知识图谱研究简称为MKD 1.0，下一个阶段简称为MKD 2.0，如图0.5。MKD 1.0到MKD 2.0之间的过渡阶段将长期存在。在不同的时期，其他的研究形式也是存在的，科学共同体科研产出在不同时期的成果会有显著的差异。

■ MKD1.0：以实践为主的科学知识图谱研究，有广度，但深度不足
　过渡阶段：提高图谱质量，重视图谱解读。出现成熟的分析算法和工具
■ MKD2.0：基础研究+实践应用。系统形成科学知识图谱哲学、数学等理论

图0.5　科学知识图谱研究阶段示意图

MKD 2.0与MKD 1.0的区别在于，2.0时代更加注重以问题为导向的科学知识图谱研究，强调实际科研价值及知识发现，要尽量避免浅显的图谱解答。2.0时代我国需要开发具有知识产权且被广泛使用的科学知识图谱工具，这是科学知识图谱在我国继续发展的保障；我国学者也要能绘制出经得起时间考验且被广泛使用的科学知识图谱。

（2）图谱绘制与解读质量并重

对于初次接触科学知识图谱的学者而言，来自科学知识图谱"炫丽"视觉美感的吸引要大于科学知识图谱自身的科学内涵的价值。这是长期以来我国学者在科学知识图谱研究中存在的普遍问题，当然，不可否认一些学者将科学知识图谱结果结合学科进行了完美解读。这一问题是未来科学知识图谱研究的第一个瓶颈，且该瓶颈需要得到年长学者的重视。因为年轻的研究生和青年教师是科学知识图谱绘制的一线"工人"，大多数对学科理解尚欠全面，对科学知识图谱得到的结果往往解读不够准确、深入。虽然知识图谱绘制仅仅是一项技能，但是缺乏背景知识可能会使得本来具有重大发现的图谱被年轻学者忽略。可见，年长学者在科学知识图谱绘制中的作用是非常重要的。

对于科学知识图谱的初学者，往往可以通过使用某一软件，得到一系列的图谱结果（即包含常见的合作网络、主题网络和引文网络等）。每一张科学知识图谱都需要比较长的时间分析和解读，若将某一学科或主题的科学知识图谱全部放在一篇论文中，解读难免无法深入。这就要求科学知识图谱应该走向问题导向研究，即"科学问题+知识图谱"的模式。

科学知识图谱解读欠缺还有一个可能的原因，就是国内部分期刊审稿学者缺乏责任心和审稿制度的不完善。笔者深有感触，在国际上发表的关于科学知识图谱的论文往往会得到极其详细的反馈意见。而在国内遇到比较多的情形是简单粗暴的"拒稿"或"录用"，更有甚者，投稿之后石沉大海。试想，若一开始审稿专家对每篇文章都认真阅读，并给出合理的录用理由和拒稿理由，那么知识图谱也不会在一些领域变得"烂大街"。此外，国内科学知识图谱论文，又有多少是科学知识图谱领域的专家审读的？特别是跨学科的科学知识图谱绘制，往往都是某个专业领域内的专家审稿，他们有几人真正研究过科学知识图谱？可见，科学知识图谱的论文要提升质量，在专家把关方面是坚决不能忽视的。

（3）辩证理性地看待科学知识图谱的研究

有些学者发现科学研究中存在使用相同的方法发表一系列类似论文的现象，笔者认为就整个科学研究来看，该现象是普遍存在的。对于还未形成定律的问题进行大量的实践分析并无不可，但若实践应用一直没有推进或者提高，那么这样的实践还是少做为好。笔者认为对于科学知识图谱实践研究不能一棒子打死，因为科学知识图谱的绘制毕竟工作量不小，这种工作应该受到尊重，不能因噎废食。另一方面，进行科学知识图谱绘制的研究人员，要尽量在当前已有的知识图谱成果和经验基础上进行科学知识图谱绘制。笔者发现，一些领域知识图谱的绘制还停留在数年之前的水平。

如何才能让后来的知识图谱学习者站在"巨人"的肩膀上？这需要科学知识图谱领域的专业学者协作起来，分享自己关于科学知识图谱的研究经验、心得、方法以及技巧。笔者认为，在这方面做得好的当属路特·莱兹多夫（Loet Leydesdorff）教授，他不仅将自己的论文分享在自己的主页上，而且对于刚刚开发的科学知识图谱工具或者技巧也予以详细介绍。相比之下，国内学者的学术分享和开放程度还有所欠缺。

## 0.2 科学知识图谱可以做些什么

从所要分析的科技文献的知识单元组成和目的来看，科学知识图谱回答的基本问题可以总结为5W1H，即When、Where、Who、What、Why和How。

When用来回答科学知识图谱所反映的科学研究的时间信息。例如，从科学知识图谱能了解到某一主题随时间的演变，了解整个网络链接的时间分布以及科学研究的增长和周期律等。

Where主要是提取科技文献中包含的作者地理信息，用来展示某项研究的空间分布情况。科技文献的地理信息可视化分析能够快速地帮助研究人员定位某项研究的重要区域，为科技发展和合作提供决策支持。如果将时间信息和空间地理信息结合，还可以认识科学研究中心的转移情况。

Who 主要是提取科技文献中的作者信息。作者信息包含在施引文献及其参考文献中，并通过不同的方法来进行分析。如施引文献作者的合作分析、耦合分析，参考文献作者的共被引分析等。此外，作者的频次分布的研究，可以了解作者产出的统计学分布特征。

What 主要对科技文献主题进行挖掘和分析，可以探究某一领域有哪些研究主题，当前的研究前沿主题是什么以及各个主题的演进趋势及关系是什么等问题。

Why 主要通过知识图谱得到的结果并结合专业发展背景，解释为什么专业领域是这样的并预测未来将会怎样发展。另外，还可以从网络数学模型上分析，以探究科学知识图谱形成的机制和原因。

How 主要通过知识图谱得到的结论，分析指导我们科学发展的实际决策。

上面给出的科学知识图谱的功能仅仅是从被分析的科技文献所包含的内容及目的出发。在具体实践中，科学知识图谱的研究还被拓展、引申到研究前沿、研究热点、研究基础、学科发展、科学结构等方面的研究。因此，关于科学知识图谱到底能回答哪些问题、具体能做些什么，除了从大量的文献中来学习外，还可以结合科学知识图谱分析的原理，给出科学知识图谱的潜在分析价值。

## 0.3 科学知识图谱分析的基本步骤

科学知识图谱分析的基本步骤，如图0.6。对于以实践应用为主的研究者而言，其中的多个步骤在分析中会由软件代劳。

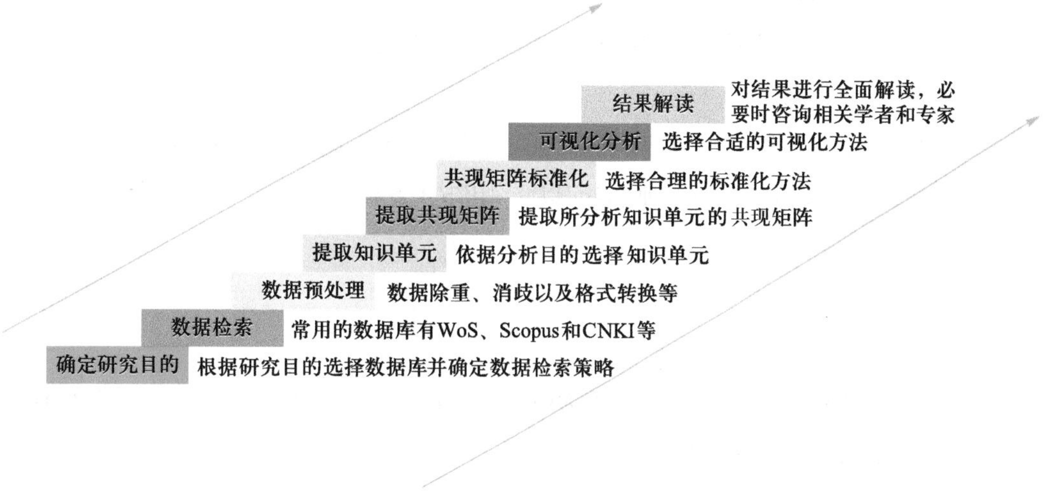

|  |  |
| --- | --- |
| 结果解读 | 对结果进行全面解读，必要时咨询相关学者和专家 |
| 可视化分析 | 选择合适的可视化方法 |
| 共现矩阵标准化 | 选择合理的标准化方法 |
| 提取共现矩阵 | 提取所分析知识单元的共现矩阵 |
| 提取知识单元 | 依据分析目的选择知识单元 |
| 数据预处理 | 数据除重、消歧以及格式转换等 |
| 数据检索 | 常用的数据库有WoS、Scopus和CNKI等 |
| 确定研究目的 | 根据研究目的选择数据库并确定数据检索策略 |

图0.6 科学知识图谱分析的基本步骤

（1）确定研究目的

研究者明确自己的研究目的，并根据研究目的制订可行的科学知识图谱研究计划，筛选将要使用的数据库。

（2）数据检索

在确定研究目的后，就需要进行数据检索。数据检索是整个分析的关键环节。在具体的实践过程中，我们发现很多科学知识图谱的研究者，由于数据获取存在问题，直接导致了最后结果的错误呈现和错误解读。

常见的可以用于进行科学知识图谱分析的英文科技文献数据库有 WoS、Scopus 以及德温特专利数据（Derwent Innovations Index）等，中文数据库有中国知网（CNKI）等。从数据格式上来看，主要有文本文档、Endnote 以及 Bibtex 等。

（3）数据预处理

数据的预处理包含对原始数据进行的除重、消歧、格式转换以及排序等处理。现有的技术已经能很好地进行施引文献的消歧处理。相对而言，作者和参考文献的消歧还存在比较大的问题。

（4）提取知识单元

科技文献的题录数据由不同的知识单元构成，包含标题、作者、机构（地址）、摘要、关键词以及参考文献等。WoS 的核心合集数据格式可以参见附录 A，在实际研究中，就是从这些已有的知识单元中提取知识单元的共现矩阵，并将其可视化。

（5）提取共现矩阵

在科技文献知识单元共现分析中，常用的步骤是提取"知识单元—文献"矩阵，然后使用矩阵的乘法来获取相应的共现矩阵。例如，为了获得作者合作矩阵，首先可以从科技文献中获取"作者—文档"的隶属矩阵，在该矩阵中若作者属于某个文档，则对应矩阵的元素为 1，否则为 0。要得到"作者—作者"合作矩阵，只要使用该矩阵与矩阵的转置相乘即可。

（6）共现矩阵标准化

矩阵的标准化有多种方法，常见的软件中嵌套的多为基于集合论的矩阵标准化方法，例如 Cosine、Jaccard 和 Dice 方法。这三种方法可以统一用下式表示：

$$S_{ij}(c_{ij}, c_i, c_j; p) = \frac{2^{1/p} c_{ij}}{\left(c_i^p + c_j^p\right)^{1/p}}。$$

当该式中 $p=0$ 时，那么得到的公式就为 Cosine 的标准化公式；当 $p=1$ 时，那么得到的标准化公式为 Dice，与 Jaccard 方法的关系为下式[①]，

---

① van Eck N J, Waltman L. How to normalize co-occurrence data? An analysis of some well-known similarity measures. *Journal of the American Society for Information Science and Technology*, 2009, 60(8): 1635-1651.

$$S_{ij}\left(c_{ij},c_i,c_j;1\right) = \frac{2\text{Jaccard}\left(c_{ij},c_i,c_j\right)}{\text{Jaccard}\left(c_{ij},c_i,c_j\right)+1} = \text{Dice}\left(c_{ij},c_i,c_j\right)。$$

在VOSviewer中则嵌入了基于概率的关联强度（Association strength）与基于集合论的联合条件概率（又称Fractionalization）标准化方法[①]，具体的计算公式如下，

$$S_{ij} = \frac{2mc_{ij}}{c_i c_j} \text{ 或 } S_{ij} = \frac{c_{ij}}{c_i c_j},$$

$$S_{ij}\left(c_{ij},c_i,c_j;-1\right) = \frac{1}{2}\left(\frac{c_{ij}}{c_i}+\frac{c_{ij}}{c_j}\right)。$$

上式中$S_{ij}$为$i$与$j$的标准化结果，或称为$i$与$j$之间的相似性；$c_{ij}$为$i$与$j$的共现次数（或权重）；$c_i=\Sigma_j c_{ij}$为$i$在网络中与其他节点共现的总权重；$m = \frac{1}{2}\Sigma_i c_i$为整个分析网络中连线的总权重。

（7）可视化分析

可视化分析实质上是对分析结果的可视化展示的设计。常见的可视化设计方法包含知识单元共现网络的可视化、多维尺度可视化以及多方法融合的方法。例如，在VOSviewer中，在进行可视化分析时，首先使用了VOS mapping方法将共现矩阵元素按照相似性分布在二维空间中，然后再使用网络聚类的方法对节点进行聚类，并给不同聚类添加不同的颜色进行标记。更为详细的内容参见下文"科学知识图谱的可视化表达"。

（8）结果解读

对于绘制的科学知识图谱需要结合专业背景进行解读，并及时对存在的问题进行修正，必要时可以咨询相关学者和专家。例如，有时通过初步分析发现，在数据检索时还存在一些不完善的地方。这就需要进一步根据初步分析的结果调整检索式，进行数据的再分析。

## 0.4 科学知识图谱的可视化表达

根据科学知识图谱的可视化表达形式，可以将其划分为四类。第一类为基于距离的表达，第二类为基于关系的表达，第三类为基于时间线的表达，第四类为基于图层叠加的科学知识图谱表达。当然，随着可视化技术和算法的发展，多种技术已经开始融合。

第一类基于距离的科学知识图谱的可视化表达的典型案例为早期使用MDS方法和当前使用的VOS方法绘制的科学知识图谱。这类图谱的特点是：将高维数据可视化到二维平面中，图形中的每一个节点代表一个分析的要素，图形中要素之间的距离则用来测度它们之间的相似性。图形中元素之间的连线通常不会直接显示出来。基于距离的科学知识图谱绘制工作，比较早期的是怀特（Howard D. White）和麦凯恩（Katherine W. McCain）绘制的信息科学领域的作者共被

---

① 参见http://www.vosviewer.com/documentation/Manual_Vosviewer_1.6.1.pdf，2016-1-2。

引网络（见图0.7）。2005年，凡·艾克在其硕士学位论文中开始对用于进行知识图谱分析的多维尺度进行分析，并在其博士期间继续该项研究。近几年凡·艾克与瓦特曼开发了用于该类分析方法的软件VOSviewer。该方法比传统的MDS有更好的可视化效果和分析结果，软件一经开放，便得到了广泛的使用。图0.8为使用VOSviewer软件绘制的国际职业安全研究的主题聚类分布图。

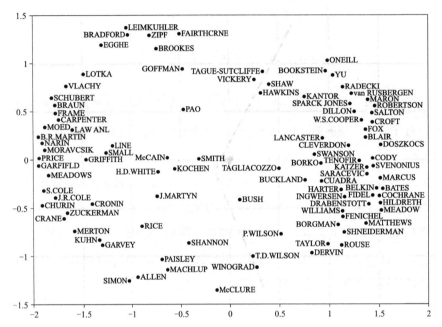

图0.7　信息科学领域的作者共被引网络[①]

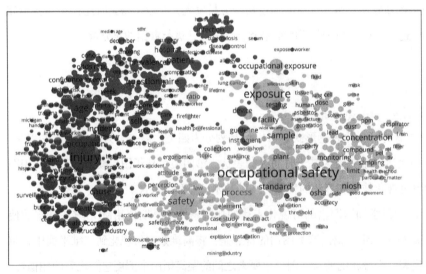

图0.8　用VOSviewer绘制的职业安全的主题聚类分布[②]

---

① White H D, McCain K W. Visualizing a discipline: An author co-citation analysis of information science, 1972–1995. *Journal of the American Society for Information Science*, 1998, 49(4): 327–355.
② 李杰：《安全科学结构及主题演进特征研究》，首都经济贸易大学2016年博士学位论文。

第二类是基于关系的科学知识图谱表达。科学知识图谱分析的基本原理就是从科技文献中提取知识单元之间的关系，并将其矩阵化和可视化。因此，基于关系的表达也是知识图谱可视化表达的核心方法之一。

在基于关系的科学知识图谱的表达结果中，元素之间的关系使用边或者弧来连接。边或弧的宽度通常用来表达关系强度，线的连接方向则可代表特定的联系。科学知识图谱的这种表达实质上是一种矩阵的网络化表达，因此网络分析的方法被广泛应用于知识图谱的研究中，当前主流的科学知识图谱软件CiteSpace、VOSviewer以及SCI2，都使用了基于网络的聚类方法来对科学知识图谱进行聚类。例如，图0.9为曼诺（Ketan K. Mane）与博纳使用SCI2绘制的《美国科学院学报》发表论文的主题共现网络。CiteSpace中还嵌入了网络中节点重要度分析的参数——中介中心性，用来发现科学研究中的转折点。再如，图0.10为对CiteSpace案例数据——《科学计量学》（*Scientometrics*）期刊的文献共被引聚类网络分析的结果，图中红色节点为高中介中心性的文献，聚类的标签使用对数似然率方法从施引文献的关键词中提取。

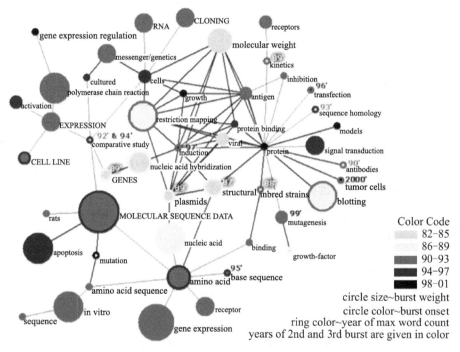

图0.9 《美国科学院学报》发表论文的主题共现网络[①]

---

① Mane K K, Börner K. Mapping topics and topic bursts in PNAS. *Proceedings of the National Academy of Sciences of the United States of America*, 2004, 101 (Suppl 1): 5287-5290.

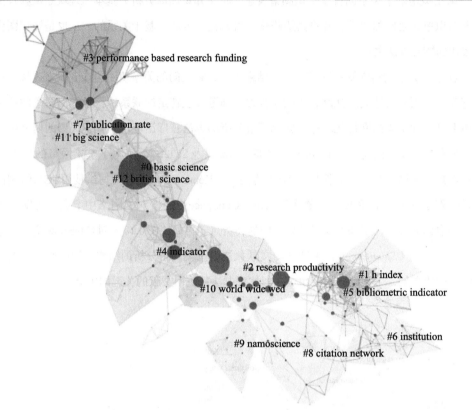

**图0.10 用CiteSpace绘制的《科学计量学》(*Scientometrics*)的文献共被引聚类网络**

第三类科学知识图谱可视化是基于时间线的表达。从网络的分类角度来看，这种网络为有向网络。其中最具代表的成果是WoS的创始人加菲尔德教授开发的HistCite，例如，图0.11为加菲尔德使用HistCite绘制的小世界研究的引文历时网络。2014年凡·艾克和瓦特曼在HistCite的启发下开发了功能更加高级的引文历时分析工具CitNetExplorer。图0.12为笔者使用CitNetExplorer绘制的关于H指数研究的引文历时网络。

第四类是基于叠加分析的科学知识图谱可视化方法。近年来，叠加分析是科学知识图谱领域刚刚兴起的一种新的分析技术。其基本原理是在已有的科学知识图谱图层叠加上新分析的结果，用来展示某一研究主题或者领域数据集在整个科学结构地图上的分布情况及多样性。最具代表性的研究成果主要包含了基于WoS学科领域（即WoS Category字段）的全景科学领域叠加和基于《期刊引证报告》(*Journal Citation Reports, JCR*)的全景期刊科学结构地图叠加。图0.13为莱兹多夫开发的数据分析工具，并借助Pajek可视化得到的科学领域基础图谱。图0.14亦是莱兹多夫开发的数据分析工具，辅助VOSviewer可视化得到的全景科学期刊结构地图。研究人员可以将自己的数据叠加到这些地图上，以研究数据的分布情况。

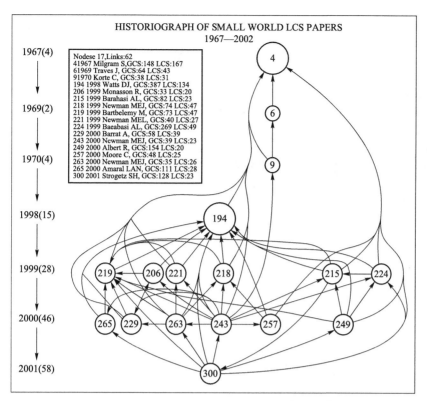

图0.11　用HistCite绘制的小世界研究的引文历时网络[①]

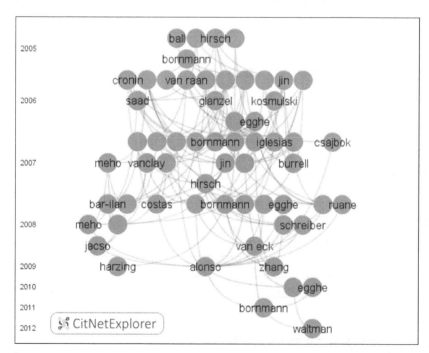

图0.12　用CitNetExplorer绘制的H指数研究的引文历时网络

---

① Garfield E. Historiographic mapping of knowledge domains literature. *Journal of Information Science*, 2004, 30(2): 119–145.

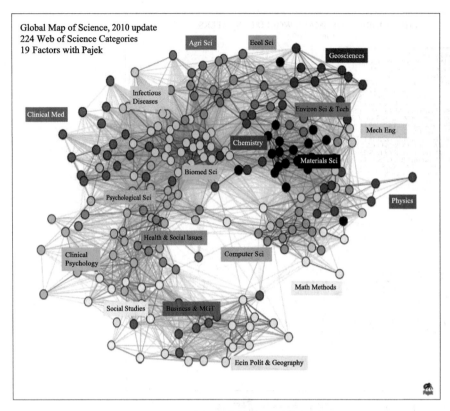

图0.13 用Pajek绘制的全景科学领域基础图谱①

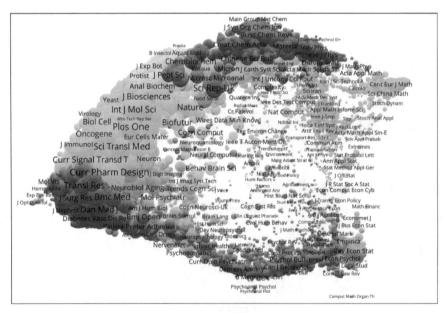

图0.14 用VOSviewer绘制的全景科学期刊结构分布②

---

① 参见 http://www.leydesdorff.net/overlaytoolkit/manual.riopelle.pdf，2016-1-2。
② 参见 http://www.leydesdorff.net/journals12/，2016-1-2。

## 0.5 科学知识图谱工具有哪些

要从海量的科技文献中挖掘有价值的信息是一项人力所不能完成的任务，因此必须依靠计算机的协助。自科学计量学分析引入辅助可视化以来，科学知识图谱领域也诞生了一批有价值的科学知识图谱工具。笔者根据个人所掌握的资料，将目前较有学习价值的免费知识图谱工具及其功能描述列于表0.1，更多参见附录。在该表中笔者将科学知识图谱工具分为两大类：一类为可以直接进行科学文献分析或进行可视化的软件，另一类为通用的网络分析或可视化软件。在大多数文献中，将Gephi、NetDraw以及Pajek等归为科学知识图谱工具，这在分类上不够清晰。在科学知识图谱分析中，使用相关软件来生成文献分析的可视化图谱固然重要，但认识所分析的数据内容及其结构是我们进行图谱绘制的前提。因此，这里推荐了两款可以快速打开所分析文本，并对其内容和结构进行查看的辅助软件Notepad++和Sublimetext。

表0.1 常用免费科学知识图谱软件及其辅助工具

| 工具名称 | 功能描述 |
| --- | --- |
| 科学知识图谱软件 | |
| BibExcel | 可对数据格式转换及去噪，并进行BCAD、CAAA、CAAC、ACA、DCA、CWA等分析，标准化方法为Cosine、Jaccard Strength或Vladutz和Cook |
| CiteSpace | 可对数据进行去重和时间切片，并进行BCAD、CAAA、CCAA、CAAI、ACA、DCA、JCA等分析；采用Cosine、Dice或Jaccard进行标准化 |
| CitNetExplorer | 可进行DCA文献时序引证网络的分析、聚类、最短/长路径等分析 |
| HistCite | 自动去重，可进行DCA文献时序引证网络和基本的描述性统计分析 |
| Leydesdorff Toolkit | 可对数据进行BCAA、BCAJ、CAAA、CAAC、CWA等分析，矩阵的标准化采用Cosine |
| SCI of SCI | 可对数据去重和时间切片，并进行BCAA、BCAD、BCAJ、CAAA、ACA、CAJ等分析；标准化方法没有提及，需要用户定义 |
| VOSviewer | 可建立词集进行数据剔除，并进行ABCA、DBCA、JBCA、DCA、ACA等分析；采用Association Strength和Fractionalization对矩阵进行标准化 |
| 辅助科学知识图谱分析和绘制软件 | |
| Gephi | 用于可视化部分网络，计算网络的部分属性 |
| Netdraw | 用于前处理生成的部分网络文件，进行最大子网络分析 |
| Pajek | 用于计算网络节点中心性，可视化部分网络 |
| 辅助数据查看和编辑软件 | |
| Notepad++ Sublimetext | 实现对文本数据的快速打开并结构化阅读 |

## 0.6 本书的写作动机和框架

笔者经过对科学知识图谱工具的长期实践，深刻地体会到各个知识图谱软件在原理、方法，特别是可视化设计上各有优势，因此在2016年出版《CiteSpace科技文本挖掘及可视化》一书后，同时启动了VOSviewer和CitNetExplorer以及其他科学知识图谱软件教程的撰写工作。

VOSviewer由荷兰的凡·艾克和瓦特曼两位年轻的博士开发，在问世不久就得到了广泛的应用。笔者分析两位学者从2008年开始的论文被引时序趋势发现，两位学者的引证次数逐年增加。此外，发表在国际期刊《科学计量学》（*Scientometrics*）上关于VOSviewer的论文仅仅在2015年一年就被引证了113次（如图0.15）。

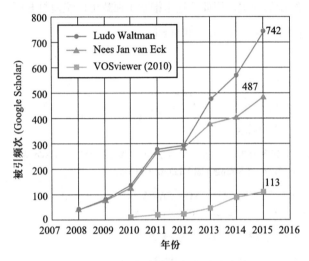

图0.15　VOSviewer开发者发表的论文和VOSviewer核心论文的被引趋势

进一步从WoS中检索VOSviewer经典文献的被引情况，发现这些文献被引达到了141次。通过对这141篇论文分析发现：在研究中使用VOSviewer发表论文较多的作者有莱兹多夫、瓦特曼以及凡·艾克等，这些文献作者的合作网络如图0.16；这些论文共来自151个机构，高产机构有莱顿大学、阿姆斯特丹大学、武汉大学和苏塞克斯大学等，它们之间的合作网络参见图0.17。这些施引文献主要发表在《科学计量学》（*Scientometrics*）（37篇）上，并引用了大量来自于《美国信息科学和技术学会会刊》（*Journal of the American Society for Information Science and Technology*）、《计量情报学期刊》（*Journal of Informetrics*）、《教育政策》（*Research Policy*）及其相关领域的研究成果；这些论文基于期刊层次的双图叠加分析见图0.18，左侧代表了这些成果发表的期刊，右侧代表了这些成果引用的期刊，它们之间的引证关系使用曲线连接。这些论文涉及的领域共51个，主要分布在计算机、信息科学和图书馆等领域，参见图0.19。

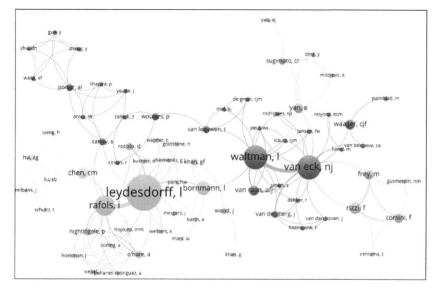

▍图0.16　VOSviewer经典文献的施引文献的作者合作网络

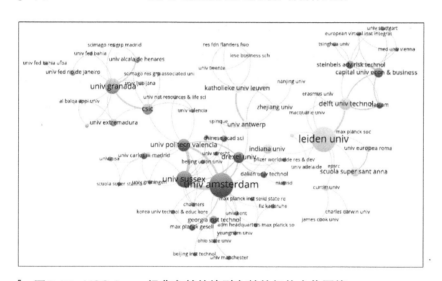

▍图0.17　VOSviewer经典文献的施引文献的机构合作网络

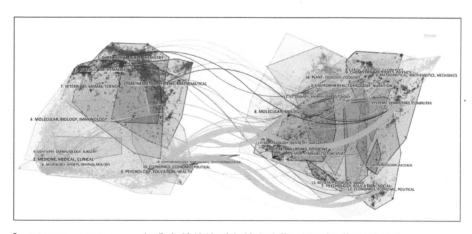

▍图0.18　VOSviewer经典文献的施引文献发表期刊和引用期刊的分布

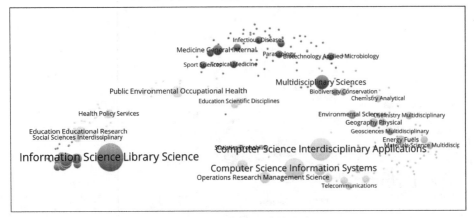

图0.19　VOSviewer经典文献的施引文献领域的分布

VOSviewer经典文献的施引文献关键词的分析结果如图0.20。使用VOSviewer进行研究的高频关键词有bibliometrics（文献计量）、social network analysis（社会网络分析）、co-words（共词分析）、research trends（研究趋势）、information visualization（信息可视化）、knowledge mapping（知识图谱）、scientometrics（科学计量）、coauthorship（作者合作）、citation analysis（引证分析）、bibliometric analysis（文献计量分析）、interdisciplinary（跨学科）、network analysis（网络分析）以及visualization（可视化）等，这些主题涵盖了科学知识图谱研究的主要方面以及涉及的相关领域。

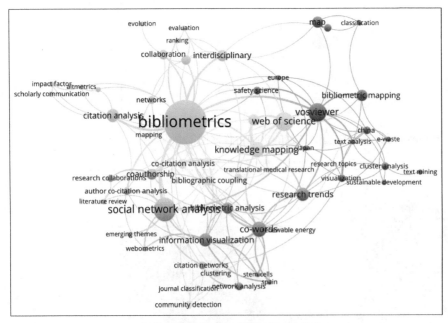

图0.20　VOSviewer经典文献的施引文献关键词的分布

从对VOSviewer经典文献的施引文献的作者、机构、期刊、领域、关键词的分布研究结果可以发现，VOSviewer已经成为科学知识图谱研究领域的一种有效的辅助分析工具，值得进一步对其功能进行挖掘和详细介绍。

本书主要分为三大部分：

第一部分：包含第0讲"认识科学知识图谱"、第1讲"VOSviewer和CitNetExplorer概述"以及第2讲"科技文献初级检索和数据获取"。这三讲介绍科学知识图谱以及两个软件的应用情况，并对常见的可用于科学知识图谱分析的数据库和数据检索方法进行介绍。

第二部分：包含第3讲"VOSviewer界面及基本原理"、第4讲"VOSviewer核心功能"和第5讲"VOSviewer常用功能补充"。这三讲主要是关于VOSviewer软件的介绍。由于VOSviewer软件自身还缺少地理可视化功能，因此该部分对科技文献数据的地理可视化进行了专门的补充介绍，这些工具包含GPS Visualizer、莱兹多夫的地理可视化工具以及Excel 2016等。

第三部分：包含第6讲"CitNetExplorer界面及基本原理"和第7讲"CitNetExplorer及相关软件核心功能"。该部分不仅对新兴的引证网络分析工具CitNetExplorer进行了全面介绍，还补充了加菲尔德开发的HistCite、莱兹多夫等开发的CRExplorer和RPYS i/o分析工具。

# 第 1 讲 VOSviewer 和 CitNetExplorer 概述

## 1.1 软件作者

VOSviewer（Visualization of Similarities Viewer，简称 VOSviewer）和 CitNetExplorer（Citation Network Explorer，简称 CitNetExplorer）由荷兰伊拉斯谟大学的凡·艾克[①]和瓦特曼[②]博士联合开发。两位都出生于1982年，并于2010年同时获得该校的博士学位，目前共同就职于荷兰莱顿大学科学技术研究中心（Centre for Science and Technology Studies）。瓦特曼在2014年成为世界知名信息计量期刊《计量情报学期刊》（Journal of Informetrics）的主编，在莱顿大学科学技术研究中心的高级文献计量学方法（advanced bibliometric methods）小组工作。这两位学者的大多数研究成果都是合作发表的，他们因开发软件 VOSviewer 以及在科学计量方面丰硕的科研成果，而被领域内的学者熟知。图1.1和图1.2分别为两人的谷歌学术主页，凡·艾克的论文总被引次数达到2 886次（截止到2016年3月16日 H 指数为28）。瓦特曼的论文总被引达到2 263次（截止到2016年3月16日 H 指数为24）。其中 Software survey: VOSviewer, a computer program for bibliometric mapping[③]作为被引排名第一的论文，截至2016年3月16日被引达到339次（2015年被引频次为113次），该论文的年度被引保持增长趋势（如图1.3）。

图1.1　凡·艾克的谷歌学术主页[④]

---

[①] 个人主页网址：http://www.neesjanvaneck.nl/，2016-1-2。
[②] 个人主页网址：http://www.ludowaltman.nl/，2016-1-2。
[③] van Eck N J, Waltman L. Software survey: VOSviewer, a computer program for bibliometric mapping. Scientometrics, 2010, 84(2): 523–538.
[④] 两位学者的谷歌学术数据获取于2016年3月16日。

图1.2 瓦特曼的谷歌学术主页

图1.3 VOSviewer经典论文[①]的年度被引情况

## 1.2 软件简介及使用情况

　　VOSviewer中VOS的含义是visualization of similarities，即相似的可视化。该软件最早的版本仅仅用于展示可视化的结果，随着软件版本的不断发展，不仅开放供用户免费使用，还极大地拓展了功能和分析的数据类型（如表1.1）。目前该软件具备了几乎所有常见的文献计量分析功能，如文献耦合、共被引、合作以及共词分析等。该软件已经广泛应用于多个领域的科学计量

---

① van Eck N J, Waltman L. Software survey: VOSviewer, a computer program for bibliometric mapping. *Scientometrics*, 2010, 84(2): 523-538.

分析中。以科学计量学领域的知名期刊《科学计量学》(*Scientometrics*)为例，其发表的大量案例研究类的论文都使用了VOSviewer。该软件在被广泛使用的同时，也出现了很多存在"问题"的论文，主要表现在两个方面：第一，由于软件用户自身缺乏科学计量学的基础，分析目的以及结果解读存在错误；第二，由于没有详细的软件使用说明，导致很多用户得到的结果不够准确。

表1.1 VOSviewer软件的版本历史及功能发展

| 时间 | 版本 | 增加的核心功能描述 |
|---|---|---|
| 2016年4月7日 | 1.6.4 ★ | 1. 增加关键词的共现分析功能<br>2. 增加引证网络分析功能<br>3. 增加对RIS文献格式的分析功能<br>4. 对软件界面进行重新设计<br>5. 增加主题叠加的新参数<br>6. 增加网络布局的自动优化功能 |
| 2015年10月27日 | 1.6.3 | 1. 增加国家/地区合作及耦合网络功能<br>2. 增加对科技文献版权信息的忽略 |
| 2015年8月27日 | 1.6.2 | 1. 增加对网络连线的宽度、线性和色彩的调节功能<br>2. 增加节点的共现权重或者耦合权重<br>3. 增加主题地图的时间叠加的合成功能<br>4. 文献数据分析的计数方法从默认的分数计数改为完整计数 |
| 2015年3月16日 | 1.6.1 | 1. 增加对GML文件的可视化功能<br>2. 支持对PubMed数据的作者合作分析 |
| 2015年1月11日 | 1.6.0 ★ | 1. 支持对Scopus数据的耦合、共被引以及合作分析<br>2. 支持对PubMed主题的分析<br>3. 增加对WoS、Scopus以及PubMed主题的叠加分析<br>4. 增加LinLog/modularity分析功能<br>5. 增加Mapping attraction和Mapping repulsion功能来优化图形的布局<br>6. 视图方式由四种修改为两种 |
| 2014年6月2日 | 1.5.7 | 聚类的颜色略有修改 |
| 2014年5月15日 | 1.5.6 | 1. 增加对WoS数据的合作网络分析<br>2. 重新定义Normalization method 2 |
| 2013年12月7日 | 1.5.5 | 1. 支持Score文件来创建主题地图<br>2. 更新VOSviewer软件中嵌入的各种子应用程序 |
| 2013年1月1日 | 1.5.4 | 1. 增加最小聚类参数框<br>2. 重新设计Map界面 |
| 2012年12月3日 | 1.5.3 | 1. 优化VOS聚类方法<br>2. 增加Screenshots功能 |
| 2012年9月1日 | 1.5.2 | 1. 扩展Pajek的文件支持<br>2. 支持Scopus构建主题地图 |
| 2012年6月13日 | 1.5.1 | 对一些导致VOSviewer无法运行的问题进行处理 |
| 2012年5月23日 | 1.5.0 | 1. 增加对WoS数据的一些新的文献图谱分析功能<br>2. 主题地图分析增加Thesaurus文件辅助功能和文件—主题关系文件（见Verify selected terms界面） |
| 2012年3月14日 | 1.4.3 | 增加使用WoS创建主题地图功能 |
| 2012年2月23日 | 1.4.2 | 恢复设置VOS mapping技术中的随机参数功能 |
| 2012年1月18日 | 1.4.1 | 1. 增加支持聚类颜色和得分颜色设置<br>2. 优化VOS聚类算法 |
| 2011年9月10日 | 1.4.0 | 1. 增加Create a term map based on a text corpus功能<br>2. 增加将图谱保存为Pajek格式文件功能 |

续表

| 时间 | 版本 | 增加的核心功能描述 |
| --- | --- | --- |
| 2011年6月8日 | 1.3.2 | 增加网络节点的URL链接功能 |
| 2011年3月9日 | 1.3.1 | 提升标签视图和点视图下网络连线的可视化效果 |
| 2011年1月22日 | 1.3.0 | 1. VOSviewer的格式文件修改为map文件和network文件<br>2. 增加保存为原始或标准化网络的功能<br>3. 增加支持非对称矩阵的功能<br>4. 支持非连通性网络的分析<br>5. 将Similarity measure的名称修改为Normalization<br>6. 增加标签图和点图下网络连线的显示<br>7. 增加对图形的Rotating和Flipping功能 |
| 2010年6月15日 | 1.2.1 | 删除保存为相似文件的功能并对一些问题进行处理 |
| 2010年5月18日 | 1.2.0 | 1. 增加VOS聚类功能<br>2. 增加新的相似性测度功能<br>3. 更新对聚类颜色的修改功能 |
| 2010年1月6日 | 1.1.0 | 1. 增加识别最大连通网络的功能<br>2. 增加聚类颜色的修改功能 |
| 2009年10月1日 | 1.0.2 | 增加截图、打印图形功能 |
| 2009年7月6日 | 1.0.1 | 更改软件About对话框 |

CitNetExplorer最早于2014年3月10日公布了用户版（即CitNetExplorer 1.0.0），其目前的应用尚不广泛。但从其功能来看，与目前使用广泛的HistCite相比，CitNetExplorer今后被广泛使用的潜力更大。

如图1.4，从核心功能上来讲，VOSviewer主要用于分析科技文献的合作网络、共被引网络、耦合网络以及主题共现网络，这些都属于无向网络。CitNetExplorer主要用来分析有向的文献引证网络[①]。

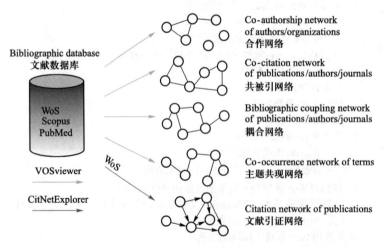

图1.4 VOSviewer和CitNetExplorer可以处理的网络类型

---

① 文献网络可以按照网络中的边是否有向，分为有向网络和无向网络。边是有向的是指存在一条从网络中一个节点（或称顶点）$i$指向另一个节点$j$的边$(i, j)$，但不一定同时也存在从节点$j$到节点$i$的边$(j, i)$。

## 1.3 分析步骤

第一步：选择感兴趣的研究主题并获取数据。

根据研究目的确定研究主题是进行分析的基础。首先，需要确定研究主题，并根据研究主题来确定数据库及其数据的采集方法。可以选择当前的知名索引数据库，如 WoS 和 Scopus，也可以选择专业数据库，如医学的 PubMed。然后需要做的是确定通过怎样的方式来获取要分析的数据。一般可以通过关键词、期刊或者机构等来获取一系列关于某项研究的文本集合，进而对这些数据进行分析。

第二步：选择数据中感兴趣的研究单元。

按照国际上科技文献的索引标准，以上数据库通常包含除文献全文以外的所有信息，如标题、作者、机构、国家/地区、摘要、关键词、参考文献、发表期刊以及其他索引信息，这些信息是进行文献图谱分析的基础。如果选择发文的作者为分析的知识单元，根据文献计量的理论和方法，可以进行作者产出分布的分析，也可以对作者的合作以及作者的耦合进行分析。如果选择对参考文献进行分析，那么可以对参考文献的共被引、参考文献中第一作者的共被引以及参考文献中的期刊共被引进行分析。选择哪个知识单元进行分析，由研究目的所决定，这需要在进行数据分析之前考虑好。

第三步：计算知识单元之间的相关得分。

一个科技文献通常包含作者、机构、国家/地区、期刊、关键词以及参考文献等信息。在文献计量学中通过共现理论来建立它们之间的联系并计算关联强度（或称相关得分），包含了基于共被引分析、耦合分析、合作分析以及共词分析等计算方法。共被引分析是通过两篇文献共同被引用的次数来构建两篇文献的相关性的，如有三篇文献共同引用了文献A和文献B，那么通过文献共被引得到文献A和文献B的共被引次数就为3。目前按照共被引进行相关得分计算的分析类型有文献的共被引、作者的共被引和期刊的共被引。相比而言，耦合分析是通过文献引用相同参考文献的数量来衡量相似度的，如文献A和文献B在引用的文献中有三篇相同的文献，那么文献A和文献B耦合结果为3。按照耦合分析的思路，目前共包含施引文献耦合、作者耦合、机构耦合、国家/地区耦合的分析。在文献图谱网络中关于得分的具体计算方法目前有两种，分别为完整计数方法（full counting）和分数计数方法（fractional counting）。在文献共词网络分析中也有两种分析方法，分别为二值计数方法（binary counting）和完整计数方法（full counting）。关于这些文献计量方法及其计数方法将在下文中详细说明。

第四步：标准化知识单元之间的得分。

无论使用哪一种相关得分的计数方法，上一步得到的都是数据的原始得分。在得到这些得分之后，为了修正由于节点本身大小所带来的对节点之间关联强度的影响，往往需要对原始数据进行标准化。当前比较知名的标准化方法可以分为两种：一种是基于集合论的数据标准化方法，如 Cosine 方法、Jaccard 方法、Dice 方法；另一种是基于概率论的方法，如

Association strength方法（即关联强度算法）。在VOSviewer中嵌入的数据标准化算法主要为关联强度算法等。

第五步：文献图谱的构建。

文献图谱的构建主要是对文献图谱进行可视化表达的研究。目前主要有两种方法使节点在二维空间进行可视化展示：一种是基于距离的图谱（Distance based maps），一种是基于图形的图谱（Graph based maps）。基于距离的图谱表达方法与常见的多维尺度的方法类似，基于图形的图谱与常见的网络图的方法类似。

在VOSviewer中图谱的构建分为两个步骤，步骤一是使用VOS mapping算法来计算节点在二维空间的相对位置，节点之间的相似性使用欧式距离来测度。步骤二是通过VOS clustering方法来对图谱进行聚类，即在VOS mapping的基础上给节点进行着色。关于详细的VOS mapping和VOS clustering方法将在后文中进行说明。

第六步：可视化结果的展示。

前面几个步骤多是对文献图谱分析以及展示的技术性步骤的描述，最后还要落实到VOSviewer对这些技术的嵌入以及可视化表达的设计。在VOSviewer中使用节点来表达所分析的知识单元，节点的颜色用来表达所属的不同聚类，节点以及节点的标签可以用来表达节点的权重信息。此外，软件还提供了对节点及其关联的相关属性的调整和互动功能。

第七步：图谱结果的评估。

图谱结果的评估是文献图谱分析中最重要的步骤之一，其结果决定了图谱是否能被采用。笔者根据经验为大家评估图谱给出两点建议：（1）从整体上看，图谱的分析结果是否相对比较清晰地反映了所分析的数据集内容；（2）在满足结果清晰的基础上，可视化表达是否合理，如节点及其标签的大小或者颜色是否协调、空间的布局是否合理等。

如果对得到的可视化结果还不满意，那么需要重新调整可视化参数，直至得到满意的可视化结果。

# 第2讲 科技文献初级检索和数据获取

## 2.1 英文数据库检索技巧概述

当前VOSviewer还只能对英文数据进行直接分析，也能对转换成WoS格式的中文数据进行一些简单的分析。可以使用VOSviewer进行直接分析的数据库有WoS核心合集、Scopus和PubMed。此外，德温特专利数据与WoS核心合集在数据结构上有一些相同的单元，因此也可以完成部分分析。VOSviewer 1.6.0及其以前的版本可以直接对德温特专利数据进行主题挖掘，之后的版本需要先通过CiteSpace将数据转换成WoS格式后进行分析。对于CitNetExplorer，当前仅支持分析WoS数据。

在1.6.4版本中VOSviewer还特别增加了对RIS数据格式的分析[①]（如图2.1），因此可以分析更多的数据源，例如Zotero[②]、Mendeley[③]、Endnote[④]、IEEE Xplore[⑤]以及Wiley Online Library[⑥]等文献管理软件中的数据和一些全文数据库中的数据。

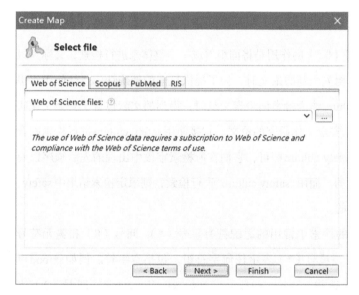

图2.1 VOSviewer可以分析的数据库

---

① RIS是数据库和文献管理软件常用格式，因此可以从数据库或者文献管理软件中将数据导出为RIS格式，然后再使用VOSviewer进行分析。
② Zotero 免费文献管理软件下载地址：https://www.zotero.org/，2016-2-12。
③ Mendeley 免费文献管理软件下载地址：https://www.mendeley.com/，2016-2-12。
④ Endnote 文献管理软件下载地址：http://endnote.com/，2016-2-12。
⑤ IEEE Xplore 数据库网址：http://ieeexplore.ieee.org/Xplore/home.jsp，2016-2-12。
⑥ Wiley Online Library 数据库网址：http://onlinelibrary.wiley.com/，2016-2-12。

这些英文数据库的数据检索功能界面和检索方法类似，其基本检索方法如下。

### 2.1.1 英文数据检索常用符号

布尔逻辑算符的使用。布尔逻辑算符是各个数据库常用的用于信息检索的算法，常见的有AND、OR和NOT。使用AND可查找包含被该运算符相连的所有检索词的记录。使用OR可查找包含被该运算符分开的任何检索词的记录。使用NOT可将包含特定检索词的记录从检索结果中排除。

如图2.2，在使用布尔逻辑算符AND连接检索词时，表示这两个词语要同时出现。使用OR连接一些主题词，表示其中之一被检索到就会将该记录加到检索结果中。使用NOT连接主题词时，表示排除要检索的某个主题词。

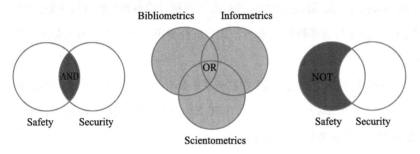

图2.2 布尔逻辑算符检索

双引号的使用。英文的双引号（" "）的作用是将词组看成一个整体来进行检索，又称为短语检索。例如在检索safety culture相关主题的论文时，为了提供检索的准确性，往往使用双引号来进行检索。直接使用safety culture作为检索词检索文献时，得到的文献包含了安全文化研究的论文，同时还包含了很多不是安全文化研究的论文。直接使用safety culture进行检索的含义是检索的结果字段中只要包含safety culture即可，它们在所检索字段中出现的先后顺序以及之间其他单词的数量是没有被限制的。而用"safety culture"进行检索，则限定检索结果中safety、culture这两个单词必须是成组出现的。

通配符的使用。在西文文献的检索中常用的通配符有星号（*）、问号（?）和美元符号（$）。检索中通配符表示未知字符，星号（*）表示任何字符组，包括空字符。例如s*food可查找seafood和soyfood；enzym*可查找enzyme、enzymes、enzymatic和enzymic。问号（?）表示任意一个字符，对于检索最后一个字符不确定的作者姓氏非常有用。例如，Barthold？可查找Bartholdi和Bartholdy，但不会查找Barthod。美元符号（$）表示零或一个字符，对于查找同一单词的英国拼写和美国拼写非常有用。例如，flavo$r可查找flavor和flavour。

### 2.1.2 数据库检索功能的分类

WoS和Scopus这两种大型的索引数据库提供了更为丰富的检索功能模块。WoS包含基本检索、作者检索、被引参考文献检索和高级检索功能，Scopus则包含文献搜索、作者搜索、归属机构搜索和高级搜索功能。

#### 2.1.2.1 基本检索

WoS的基本检索和Scopus的文献搜索功能相似，都是数据库默认的搜索方式，可以直接使用检索词（作者、机构、主题①等）并选择恰当的字段进行检索（如图2.3）。例如，要检索发表在期刊《安全科学》(*Safety Science*)上的论文，在基本检索框中输入*Safety Science*，并在字段选项中选择"出版物名称"。单击"检索"，即可得到发表在《安全科学》(*Safety Science*)上的文献信息。

图2.3　WoS的字段检索功能

#### 2.1.2.2 作者检索

WoS（如图2.4）和Scopus都提供了作者检索功能，主要用来对作者个体文献数据进行采集和分析。按照提示依次输入作者的姓名、研究领域及机构即可。此外，还可以通过基本检索，精确得到要检索作者的论文，然后将检索到的信息作为作者检索的参考信息。例如，为了检索凡·艾克发表的WoS论文，可以先检索其发表的VOSviewer的经典论文，然后获得其ResearcherID（如图2.5）。最后，再依据ResearcherID来精确检索其发表的WoS论文。

#### 2.1.2.3 高级检索

高级检索是每个科技文献数据库都具有的功能，在检索规则上略有差异。如在WoS中，可通过字段标识、布尔逻辑算符以及通配符等组合来完成检索式的编写。例如，要检索2015年发表在《安全科学》(*Safety Science*)上主题为Safety culture的文献数据，可以直接在检索框中输

---

① 在英文数据库中主题（Topic）检索的含义为相当于部分字段的关键词检索，主题检索范围包括下列字段：题目（Title）、摘要（Abstract）、作者关键词（Author keywords）、扩展关键词（Keywords Plus）。

入 TI="safety culture" and PY=2015 and SO=safety science 即可检索到结果。要检索 WoS 中人机工程学领域的论文，直接在检索框中输入 WC=Ergonomics 即可。特别地，在高级检索中可以创建检索式并对其进行组配（如图 2.6）。以上是英文数据库的基本检索方法，接下来介绍如何获取所需要的数据。

图 2.4　WoS 的作者检索功能

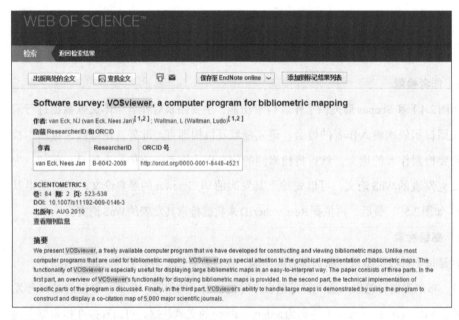

图 2.5　通过作者的某篇论文获得其 WoS 中的 ResearcherID

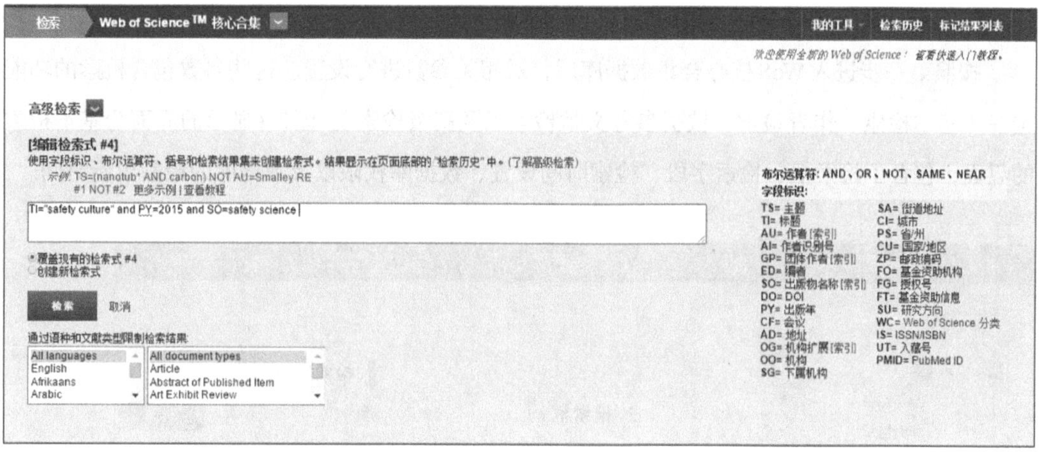

图2.6　WoS的高级检索功能

## 2.2　WoS数据获取

第一步：登录WoS。

使用WoS是需要权限的，因此在使用时首先要确认是否有权限进入数据库并进行数据的获取。如果不明确所在单位是否已购买该数据库，可以与单位图书馆的信息服务部或者学科馆员联系。通常若一个单位购买了该数据库，那么可以直接在IE浏览器中输入www.webofknowledge.com进入首页。然后单击▼，进入WoS的核心合集，这是本部分数据采集的入口（如图2.7）。

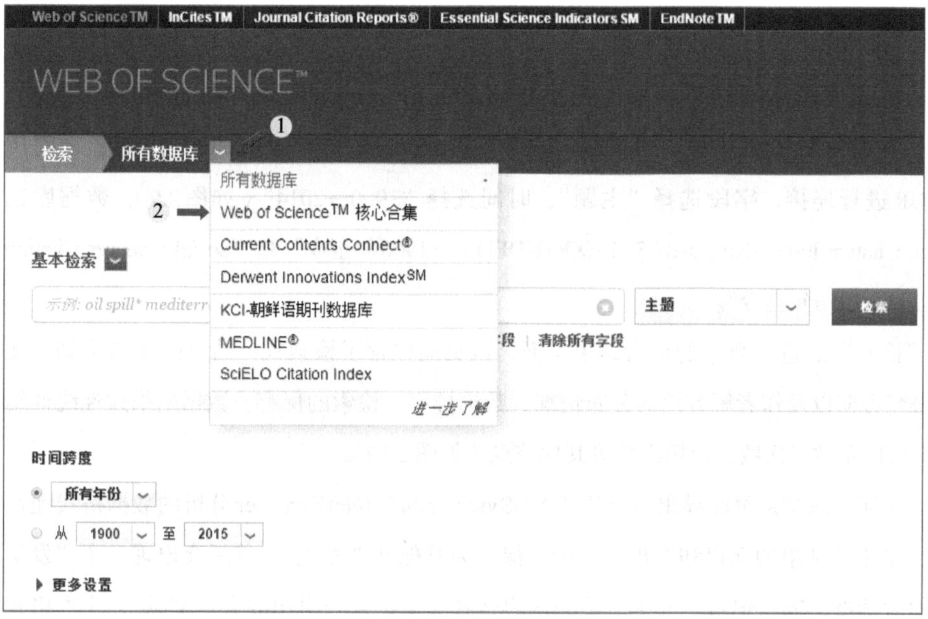

图2.7　WoS的首页

第二步：进入 WoS 核心合集的数据检索界面。

按照第一步进入 WoS 核心合集数据库后，对相关参数进行设置。这些参数包含检索的功能选择（基本检索、作者检索、被引参考文献检索以及高级检索）。图 2.8 显示的界面为基本检索的界面，包含了检索框、检索字段、检索时间设置、数据库权限以及数据库的最后更新时间。

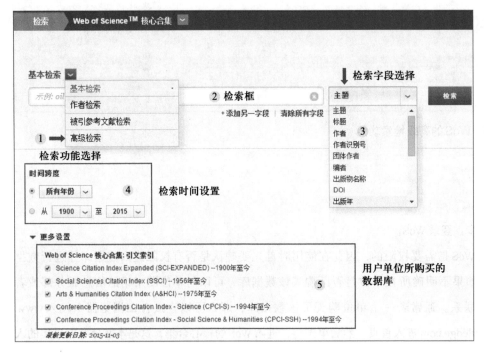

图 2.8　WoS 的基本检索界面

第三步：以基本检索功能获取数据。

这里以在基本检索功能下获取主题涉及 bibliometric、scientometric 或 informetric 的期刊论文为例。在基本检索框中输入"bibliometric*" "scientometric*" "informetric*"，三者之间用布尔逻辑 OR 进行连接，字段选择"主题"，时间选择"1900—2014"（如图 2.9），数据库选择"Science Citation Index Expanded（SCI-EXPANDED）—1900 年至今"和"Social Sciences Citation Index（SSCI）—1956 年至今"。

单击"检索"后进入数据的检索结果页面，该页面包含了检索式，结果的 WoS 类别、文献类型、研究方向以及作者等方面的分布情况，数据排序，检索的保存，数据的描述性统计结果，引文报告以及被引次数、使用次数等其他信息（如图 2.10）。

那么，如何从该结果页面导出可以用于 VOSviewer 和 CitNetExplorer 分析的数据格式呢？

首先，单击"结果的保存和导出"中的"保存为其他文件格式"，然后会出现一个"发送至文件"的对话框，输入记录 1—500，记录内容选择"全记录与引用的参考文献"，文本格式选择"纯文本"。单击"发送"后会提示关于数据下载的相关信息（如图 2.11）。

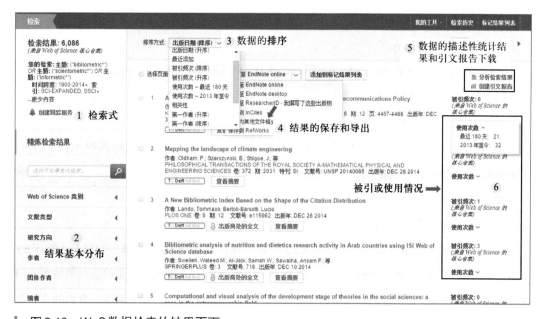

图 2.9　WoS 数据检索的参数设置

图 2.10　WoS 数据检索的结果页面

需要注意的是在 WoS 中用户每次仅能下载 500 条数据，因此如记录数量大于 500 条是需要多次分批导出的。如共检索到 1 300 条记录，第一次在"记录"中输入 1 至 500，第二次输入 501 至 1000，第三次输入 1001 至 1300 即可。数据默认下载到名为 savedrecs.txt 的文本文件，建议大家在下载时自行命名为类似"download_1—500"的名称。

图2.11　WoS数据的导出

更多关于WoS的检索方法和技巧，可以参考：

http://wokinfo.com/training_support/training/web-of-knowledge/。

如需WoS核心合集方面的帮助，可以参考：

http://images.webofknowledge.com/WOKRS520B4.1/help/zh_CN/WOS/contents.html。

## 2.3　Scopus数据获取

第一步：登录Scopus。

在确认所在单位具有Scopus使用权限后，在IE浏览器中输入http://www.scopus.com/，进入Scopus数据库主页。该软件仅识别英文字符，因此在下载时请切换到英文界面进行下载（界面语言切换功能在页面的底端）。

以安全文化研究为例，在检索框中输入"safety culture"，检索字段处选择Article Title、Abstract、Keywords，时间范围设置为2014年，文献类型设置为Article。单击 进入检索结果页面（如图2.12）。

第二步：数据结果页面。

进入检索结果页面后，可以在页面的上端看到已经设置的检索式：TITLE-ABS-KEY（"safetyculture"）AND DOCTYPE（ar）AND PUBYEAR=2014。页面的左侧是检索结果按照不同类别分类的描述性统计结果，如出版时间、作者姓名、主题领域、数据来源等。页面的主体部分是检索得到文献的详细列表，包含标题、作者、文献来源以及被引情况（如图2.13）。

为了导出VOSviewer可以分析的数据结果，此时需要单击检索页面"数据检索的选择和导出"功能位置中的Select all，然后再单击Export，进入数据的导出功能界面。目前，VOSviewer仅能识别Scopus的CSV（Comma Separate Format）格式数据，在这里导出检索到数据的所有信息（All available information），如图2.14。最后，单击Export，获得下载数据的详细提示，下载得到的CSV文件的默认名为scopus.csv。

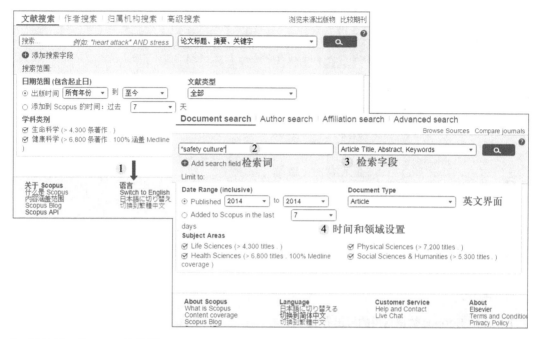

图2.12 Scopus的首页

图2.13 Scopus数据检索的结果界面

第2讲 科技文献初级检索和数据获取

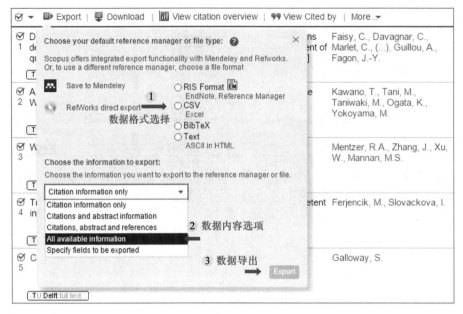

图2.14　Scopus数据结果的导出界面

如需了解更多Scopus数据库的检索技巧，可以参考：

http://help.elsevier.com/app/answers/detail/a_id/2330/p/8150/incidents.c$portal_account_name/593。

## 2.4　PubMed数据获取

第一步：进入PubMed数据首页。

在IE浏览器中输入网址http://www.ncbi.nlm.nih.gov/pubmed，进入PubMed数据库首页。例如，要采集patient safety的研究主题文献，通过MeSH Terms列表，发现patient safety位于该列表中。然后，在高级检索的界面中，选择检索字段为MeSH Terms，检索术语为patient safety，单击 Search 后进入检索结果的页面（如图2.15）。

第二步：数据结果页面。

进入数据的结果页面后，需要下载用于VOSviewer分析的数据格式。当前，VOSviewer仅能识别PubMed的Medline格式数据。在检索结果页面中依次单击Send to、File，数据格式选择MEDLINE，单击Create File即可下载检索到的数据，下载得到的文件默认命名为pubmed_result.txt（如图2.16）。

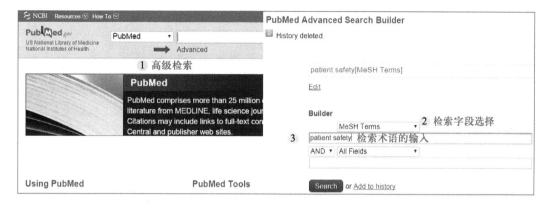

图 2.15　PubMed 的首页

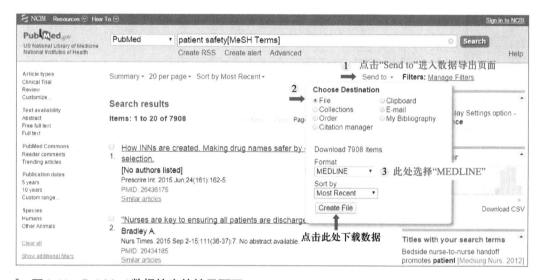

图 2.16　PubMed 数据检索的结果页面

## 2.5　谷歌学术数据获取

为了获取可以使用 VOSviewer 进行分析的谷歌学术（Google Scholar）文献数据，需要先下载辅助的文献采集工具 Publish or Perish（简称 PoP）。安装该软件后，在软件界面中检索文献结果，并将数据的格式保存为 WoS 格式。

第一步：数据检索。

在下载并安装 PoP 软件后[①]，打开软件并选择 General citations 检索功能区。在 The phrase 中输入 safety culture，在 Year of publication between 中输入 2010 和 2015，并选中 Title words only。最后，单击 Lookup 进行数据检索，如图 2.17。数据下载结束后会出现提示信息，如图 2.18。

---

① Publish or Perish 的下载地址：http://www.harzing.com/pop.htm，2016-2-11。

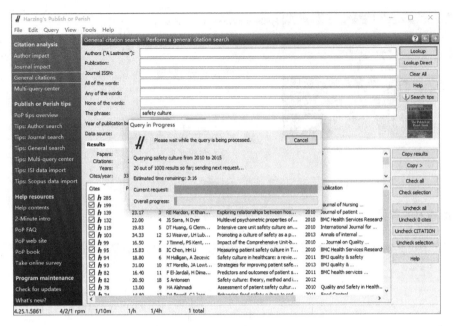

图2.17　谷歌学术数据检索的页面

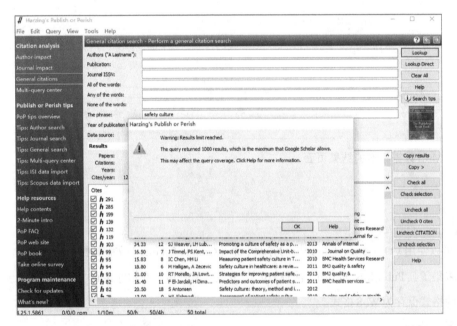

图2.18　谷歌学术数据下载结束的页面

第二步：数据导出。

数据检索结束后，依次选择菜单栏中的File→Save As ISI Export，此时会有一个提示窗口，按照提示将下载的数据保存到相应的文件夹即可完成谷歌学术数据的采集（如图2.19、图2.20）。

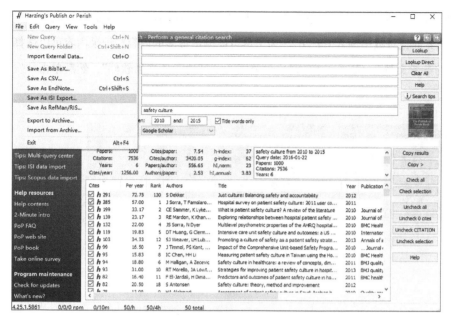

图2.19 谷歌学术检索数据的导出页面

图2.20 谷歌学术下载数据的保存页面

补充资料：使用PoP软件分析WoS数据

第一步：检索WoS数据。

这里以检索2015年发表在《安全科学》（*Safety Science*）期刊上的论文数据为例。使用基本检索，在字段中选择"出版物名称"，并输入safety science；另外一个字段选择"出版年"，设置为2015。

在得到检索结果以后,在界面上单击保存数据功能(与前面的WoS数据下载类似,如图2.21),然后在界面记录数中输入1至261。为了尽可能输出最多的内容,记录内容可以选择"全记录与引用的参考文献"。需要注意的是文件格式为"其他参考文献软件",然后单击"发送"(如图2.22)。

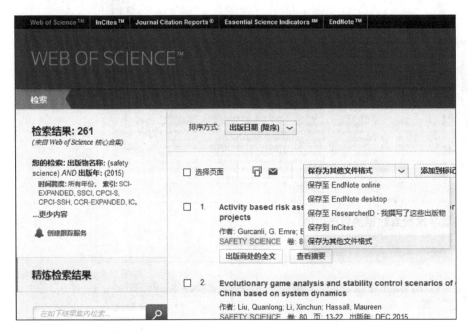

图2.21　WoS数据检索

图2.22　WoS数据导出

第二步:使用PoP读取WoS的文献数据。

在Multi-query center的界面下,依次单击菜单栏的File→Import External data,并按照提示将上一步下载的WoS数据加载进来(如图2.23)。

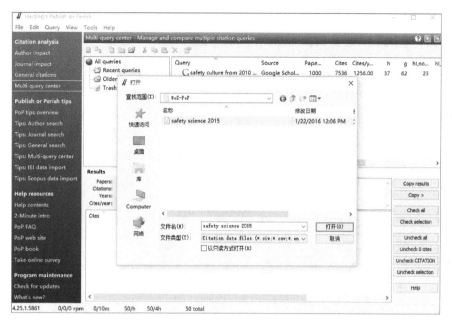

图2.23 使用PoP加载WoS数据

加载过程中会提示需要加载的数据字段项目（如图2.24），为了尽可能充分地加载分析的数据，这里直接单击OK进入下一步即可。数据加载后的结果如图2.25，此时就可以使用PoP软件对WoS数据进行分析了。

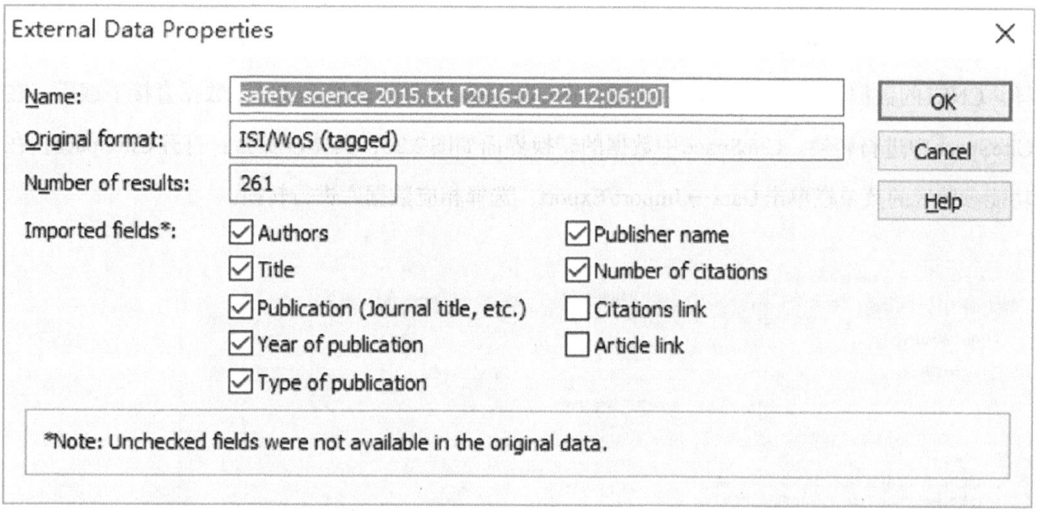

图2.24 使用PoP加载WoS数据的字段项目

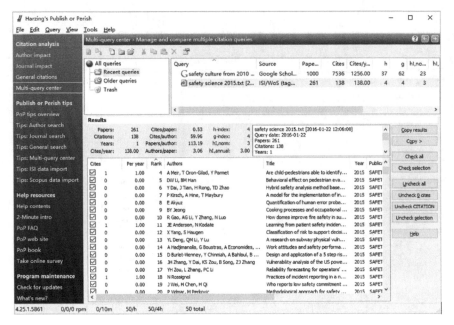

图2.25 使用PoP加载WoS数据的结果

## 2.6 中文数据获取

目前VOSviewer还不能直接对中文社会科学引文索引（CSSCI）和中国知网（CNKI）的中文数据进行分析，但是我们可以先将中文数据格式转换为WoS数据格式，这样就可以分析中文数据了。

CNKI和CSSCI的数据下载要求以及转换步骤与CiteSpace[①]的中文数据下载和处理方法一样。CNKI的数据下载为Refwork格式后，在CiteSpace中进行转换。CSSCI数据直接下载后，在CiteSpace中进行转换。CiteSpace中数据的转换界面如图2.26，具体步骤为：打开CiteSpace，在功能参数区的菜单栏单击Data→Import/Export，选择相应数据库进行转换。

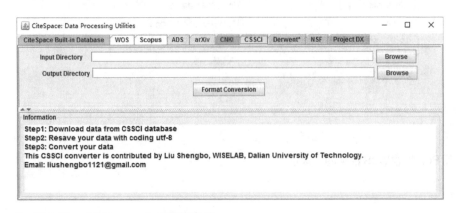

图2.26 CiteSpace中的数据转换

---

① CiteSpace软件下载地址：http://cluster.cis.drexel.edu/~cchen/citespace/，2016-2-11。

对于中国科学引文数据库（CSCD）的数据，建议从WoS平台下载，得到的数据直接可以使用VOSviewer来进行分析。从CSCD下载数据的方法与从WoS核心库下载数据的方法类似。以检索2015年发表在《安全与环境学报》（Journal of safety and Environment）期刊的数据为例，如图2.27。检索出结果后，按照图2.28导出结果即可。

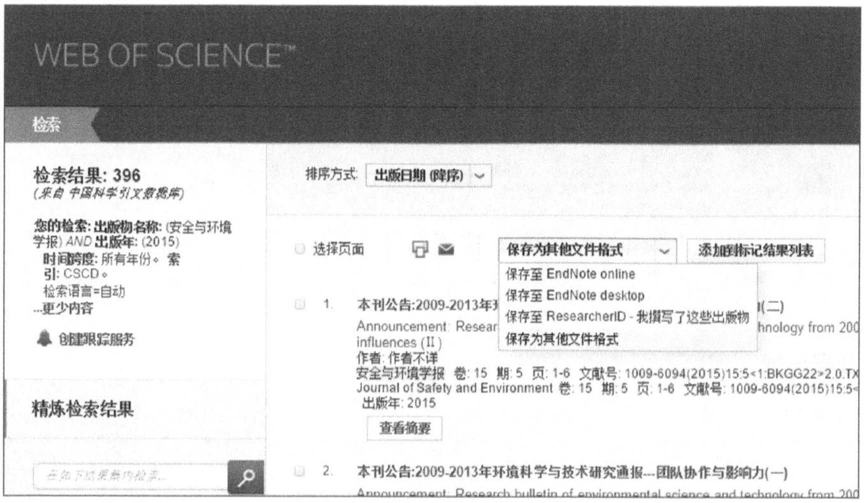

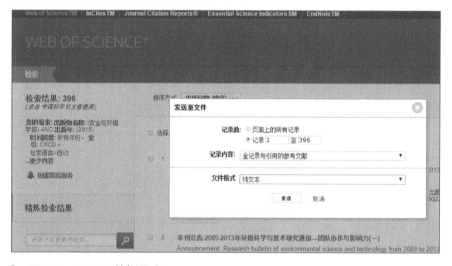

图2.27　CSCD数据检索结果

图2.28　CSCD数据导出

按照CSCD的数据采集方法，可以下载并对韩国引文索引数据库（KCI）中的文献数据进行分析。

例如，下载2015年刊载在《韩国安全管理与科学杂志》（대한안전경영과학회지，Journal of Korea Safety Management and Science）上的论文，检索结果如图2.29，按照与CSCD数据导出的方式导出数据即可。

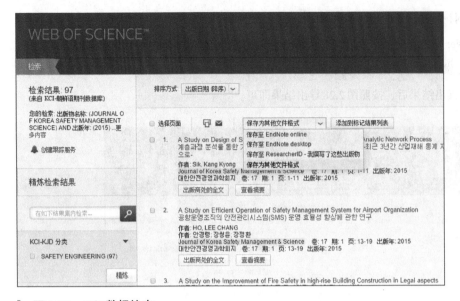

图2.29　KCI数据检索

# 第3讲　VOSviewer界面及基本原理

## 3.1　软件下载和安装

在IE浏览器中输入http://www.vosviewer.com/，即可登录到VOSviewer软件的主页，默认为该软件的简介页面，如图3.1。单击页面中的Download，进入软件的下载界面。在下载界面中提供了两种启动VOSviewer软件的方法，一种是通过下载VOSviewer执行程序文件，另一种是通过网页启动。通常建议选择第一种方法，通过下载VOSviewer执行程序，在本地计算机上使用VOSviewer。主页上提供了三种形式的VOSviewer执行程序，分别为Download VOSviewer 1.6.4 for Microsoft Windows systems（微软系统）、Download VOSviewer 1.6.4 for Mac OS X systems（苹果系统）和Download VOSviewer 1.6.4 for other systems（安装有Java虚拟机的任何系统）。如使用的是Windows系统，推荐下载第一个执行程序（即VOSviewer_1.6.4_exe）。因为.exe执行程序经过测试，在处理数据和速度上要优于VOSviewer_1.6.4_jar格式的程序。

图3.1　VOSviewer软件主页

单击网页上提供的下载链接，下载完成后会得到一个软件压缩包VOSviewer_1.6.4_exe.zip，解压后完成该软件的安装，双击文件夹中的VOSviewer.exe即可运行VOSviewer软件，如图3.2。

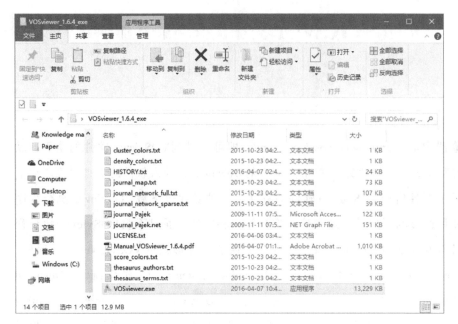

图3.2 VOSviewer解压后的程序文件

## 3.2 软件界面功能

双击VOSviewer.exe运行软件，进入软件的启动界面，如图3.3。

图3.3 VOSviewer启动界面

进入软件启动界面并经过加载程序后，进入VOSviewer软件的无任务界面，如图3.4。为了便于大家认识软件界面，这里将软件的界面分为左侧（A区）、中间（B区）和右侧（C区）三部分进行介绍。在无分析任务时，左侧的Open、Save和Screenshot以及相关视图功能处于空白或者禁用状态，这些功能只有在有分析任务时才可以使用。我们可以依次单击Create→Create a map based on a network→Pajek→Pajek network file→Next，得到软件自带的案例结果（如图3.5）。下面对软件界面进行简要介绍。

### 3.2.1 A区——可视化原理参数设置区

A1表示视图的整体概览图，A2为功能切换键（包含File、Items和Analysis），A3为Map功能区（主要包括项目的建立、打开、保存、打印以及图形结果导出），A4为软件信息（包含软

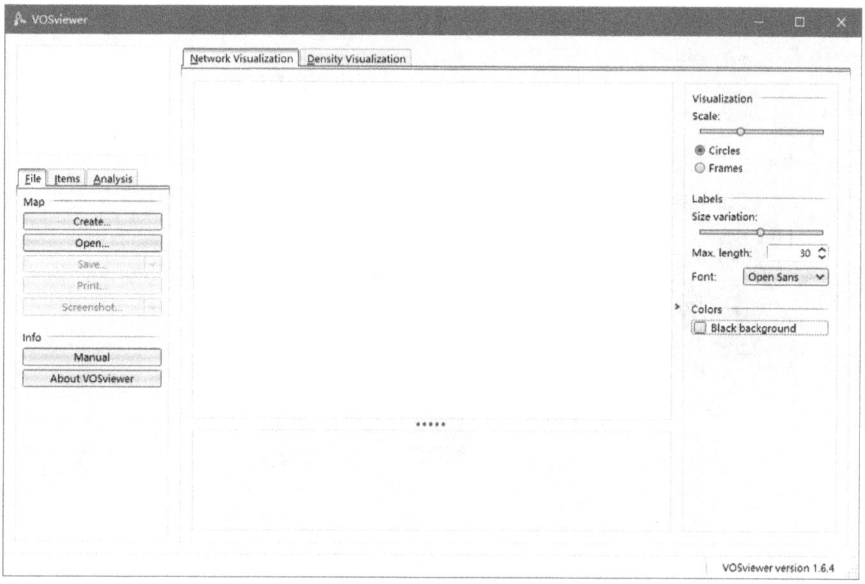

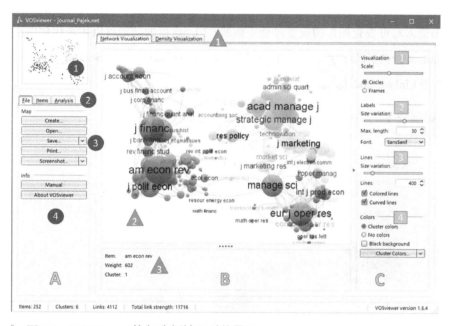

图 3.4 VOSviewer 无任务界面

图 3.5 VOSviewer 执行分析结果时的界面

件手册、VOSviewer 软件的基本开发信息和软件的更新情况)。

在 A2 中单击 Items 得到的功能界面为网络中节点的信息列表（如图 3.6），在 Filter 输入框中输入要查询的节点，可以查询并单击得到该项目在视图中的位置。此外，还可以单击项目列表下面的 Group items by cluster，使网络中的节点信息按照聚类的结果分组。

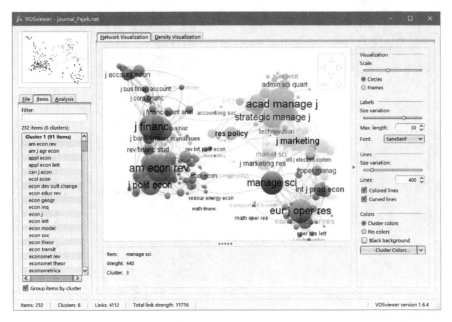

图3.6 VOSviewer的Items功能区

单击Analysis进入对可视化图形的设置界面（如图3.7），这里的功能可以用来优化图形的布局。Normalization提供了四种标准化选项，分别为No normalization、Association strength、Fractionalization以及LinLog/modularity。

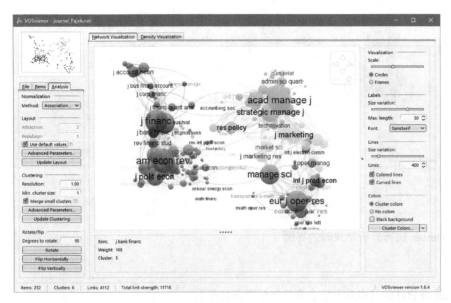

图3.7 VOSviewer的Analysis功能区

一般情况下，VOSviewer中默认设置的高级参数不需要修改。如果确实需要通过提高或者降低一些参数的数值来提高精确性，那就需要了解以下参数设置。但是要注意，更改参数会带来计算量的增加和计算速度的降低。

Layout功能区域中提供了Attraction、Repulsion以及Advanced Parameters，三个参数用来对图谱的布局进行优化，在分析数据时软件会自动给出优选的参数，如图3.8（左）所示。在Clustering功能区域包含Resolution（聚类分辨率）、Min.cluster size（每一聚类成员的最小规模）、Merge small clusters（合并小的聚类）以及Advanced Parameters（高级聚类参数），如图3.8（右）。在高级聚类参数界面中Random starts表示VOS布局优化算法运行的次数，参数的数值越大，则计算结果的精确性越高。Max. iterations为最大迭代[①]次数，该参数越大，计算结果的精确性越高。Initial step size（初始步长）、Step size reduction（步长减少）、Step size convergence（收敛步长）和Random seed（随机种子[②]）为VOS优化布局算法的技术参数，它们的取值范围为[0.000001，1]。收敛步长越小，计算的精度越高。在聚类的高级参数选项中，Random starts表示聚类优化算法的运行次数，该参数数值越大，计算的精度越高。Iterations为聚类算法的迭代次数，该数值越大，聚类的精度也越高。Random seed为VOS聚类算法中使用的随机数生成器，该数值必须为非负整数。

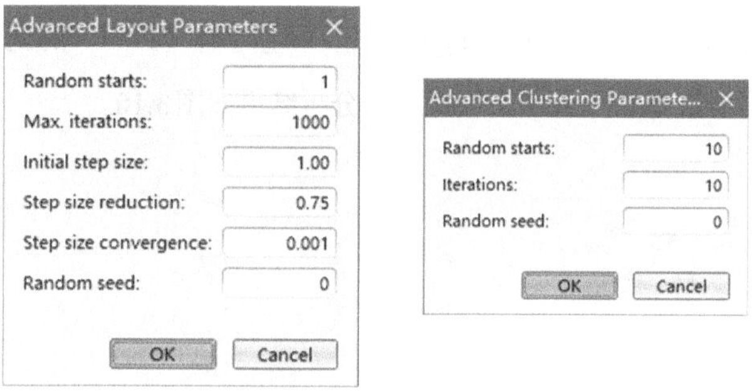

图3.8　VOSviewer布局和聚类的参数

需要特别注意的是，无论是进行完布局的设置还是聚类的设置后，图形都不会自动进行重新计算，需要单击Update Layout或Update Clustering进行手动的计算。

Rotate/flip（旋转/翻转）区域包含Degrees to rotate（旋转角度）、Rotate（快捷旋转）、Flip Horizontally（水平翻转）和Flip Vertically（垂直翻转）功能。

### 3.2.2　B区——可视化结果展示区

B1为VOSviewer提供的两种可视化视图方式，Network Visualization（网络视图）和Density Visualization（密度视图），具体可视化结果参见图3.9。B2为B1选项的可视化，在B2视图中单击图中的任意元素，在B3中将会显示该元素的信息，包含名称、权重和所属聚类，在不同的分析中显示的信息会有所不同。

---

① 迭代是重复反馈过程的活动，其目的通常是为了逼近所需目标或结果。每一次对过程的重复称为一次"迭代"，而每一次迭代得到的结果会作为下一次迭代的初始值。
② 随机种子是一种以随机数作为对象、以真随机数（种子）为初始条件的随机数，是一个计算机专业术语。

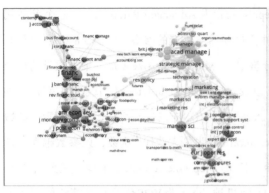
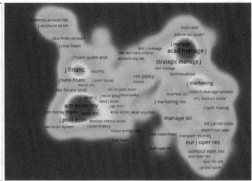

图3.9 VOSviewer的网络视图和密度视图

### 3.2.3 C区——可视化效果调整区

C区表示在两种可视化视图方式下,对可视化视图的一些调节。默认的网络可视化中C1是对标签元素大小(Scale)和显示方式圆形(Circles)或者长方框(Frames)的调节。C2是对标签字体大小(Size variation)、标签文字的显示长度(Max. length)以及标签字体(Font)的调节。如果读取的数据为中文,那么Font需要选择SansSerif,设置后的分析结果如图3.10。

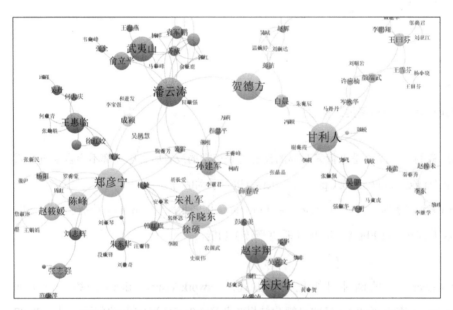

图3.10 《情报学报》作者合作网络的分析(Font设置为SansSerif)

C3主要是对网络图中线性的设置,包含线性宽度(Size variation)、连线显示的数量(No. of lines)、连线按彩色显示(Colored lines)以及曲线显示(Curved lines)。图3.11中,(a)为不显示连线的网络,(b)为显示彩色直线连线的网络,(c)为显示彩色曲线连线的网络,(d)为显示灰色曲线连线的网络。

(a) 不显示连线的网络　　　　　　　(b) 显示彩色直线连线的网络

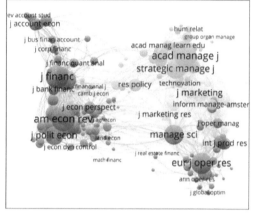 

(c) 显示彩色曲线连线的网络　　　　(d) 显示灰色曲线连线的网络

图3.11　网络图中线性的调节

C4为图形的颜色调节，包含聚类的颜色（Cluster colors）、无颜色（No colors）、背景为黑色（Black background）以及聚类颜色（Cluster Colors）的编辑（Edit）、导入（Import）、导出（Export）和恢复默认（Restore original）。

在密度视图下，C区会发生一定的变化（如图3.12）。显示的功能主要用于调节密度图的元素，其中C1包含对元素大小（Scale）的调节、密度函数宽度（Kernel width）的调节、主题密度（Item density）和聚类密度（Cluster density）。C2为标签字体大小（Size variation）、标签文字的显示长度（Max. length）和标签字体（Font）的调节。C3为视图颜色的调节，主要是聚类密度图时的白色背景（White background）、密度颜色（Density colors）的导入（Import）、导出（Export）和恢复默认颜色（Restore original）。当选中聚类视图（Cluster density）时，视图方式发生变化，成为黑色背景的聚类密度视图，此时可以选中White background将背景换成白色，如图3.13。

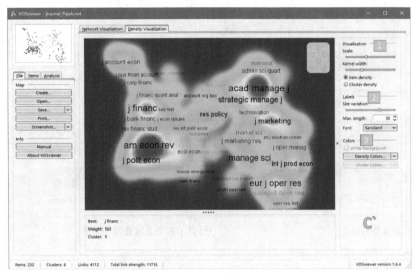

图3.12 网络密度视图下的C区

图3.13 聚类密度视图

## 3.3 文献计量学分析原理

在学习软件使用之前，我们有必要了解文献计量学的核心分析原理，从而明确我们可以用VOSviewer做哪些分析。

文献的耦合分析（Bibliographic coupling）最早由凯斯勒（M. M. Kessler）于1963年提出，主要原理是通过文献引用相同的参考文献的数量来测度文献的相似性。如图3.14（左）所示[①]，在文献A和文献B的参考文献列表中，都出现了文献C、D、E和F，那么文献A和文献B就构成了耦合关系，这里的耦合强度为4。随着文献耦合分析的发展，该理论被扩展到作者的耦合、期刊的耦合、国家/地区的耦合、机构的耦合上来。

---

① 参见 http://garfield.library.upenn.edu/papers/drexelbelvergriffith92001.pdf，2016-2-3。

文献的共被引（Reference co-citation）是由亨利·斯莫尔（Henry Small）与依琳娜·玛莎科娃（Irina Marshako）分别于1973年提出的，主要原理是通过两篇文献共同被引用的次数来测度文献之间的相似性。如图3.14（右），施引论文C、D、E、F共同引用了论文A和B，那么A和B就构成了共被引关系。在本例中A和B被4篇论文共同引用，共被引强度为4。文献共被引分析可以用来测度两篇文献的相似性，假设文献1#和文献2#被共同引用的次数为10，文献1#和3#被共同引用的次数为2，那么可以认为文献1#和2#的相似性要高于文献1#和3#之间的相似性。随着后来的发展，作者的共被引分析与期刊的共被引分析也应运而生。

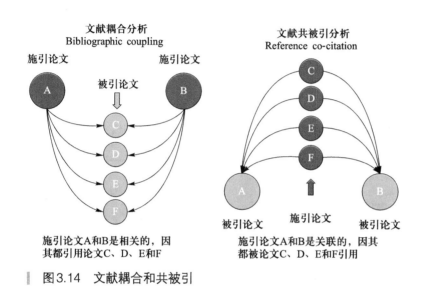

图3.14 文献耦合和共被引

从文献的耦合和文献的共被引的定义和测度原理来看，它们之间有一些显著的差异：首先文献的耦合强度是固定不变的，这是因为论文一经发表，参考文献的列表就不会再发生变化。而文献的共被引强度是动态的，因为随着时间的变化，两篇本来没有共被引关系的论文，可能会产生共被引关系；已经有共被引关系的论文的共被引强度可能继续增加。因此共被引分析用来研究科学文献的内在联系以及描绘科学发展的动态结构，要优于文献耦合，如CiteSpace软件就是以共被引网络为基础研究科学发现的转折点、研究前沿和趋势。

为了进一步了解文献共被引的应用情况，在CNKI中以主题检索得到了涉及文献耦合共被引分析的论文，并构建关键词网络。在网络中某个主题节点的大小代表了其与其他关键词共现的权重和，关键词与关键词之间的关系强度用线宽来表示。从文献耦合论文的关键词共现来看，"引文分析""研究前沿""文献耦合"等组成了文献耦合分析的主要研究主题和应用（如图3.15）。从文献共被引共词网络来看，重要的主题包括"知识图谱""CiteSpace""研究热点"以及"可视化"等，这些关键词反映了CiteSpace被大量应用于知识图谱的研究中，其中"知识图谱"是最为重要的一个研究主题（如图3.16）。

对作者合著（Co-authorship）现象的分析最早见于1978年，贝渥（Donald deB. Beaver）和罗

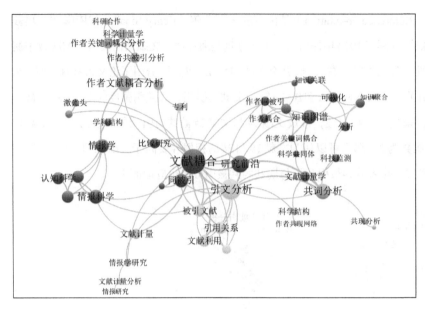

图3.15 文献耦合论文的关键词共现网络

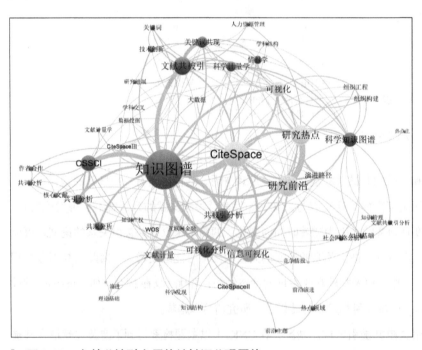

图3.16 文献共被引应用的关键词共现网络

森（Richard D. Rosen）在《科学计量学》（Scientometrics）期刊上连续发表了三篇关于科学合作的研究论文。作者合著主要是分析作者在发表的论文中的共同署名，若作者在论文共同署名，就认为他们之间有合作关系。当前，作者的合著分析不仅仅停留在对研究人员的分析，还包含对国家/地区和机构之间的合作分析。从中国知网（CNKI）中以"合作网络"检索关于合作分析的论文，并进一步对这些论文的关键词共现进行分析（如图3.17）。得到"社会网络分析"和"复杂网络"相关的主题是其主要分析视角，涉及的主要研究包含网络的特征和结构分析以及基于科学计量视角的合作网络分析。

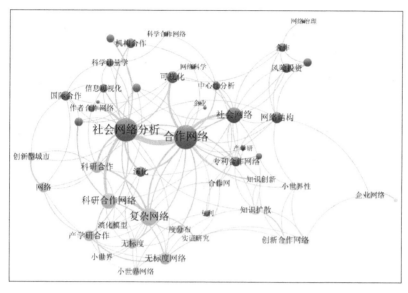

图3.17　合作网络分析论文的关键词共现网络

对共词（Co-word）的分析最早见于米歇尔·卡伦（Michel Callon）等1983年发表的论文，主要原理是通过主题词、关键词等之间共同出现的次数来统计相似性（或者关联强度）。具体步骤是通过对一组文本中主题词两两统计共现频次，然后建立共现矩阵，进行多元统计和网络化分析。笔者从CNKI中下载有关共词分析的论文，并对这些论文进行关键词的共现分析（如图3.18），结果显示与共词分析相关的核心主题有"研究热点""知识图谱""聚类分析"以及"文献计量"等。

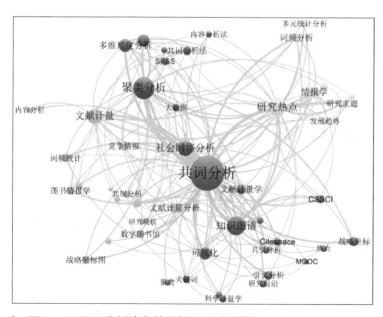

图3.18　共词分析论文的关键词共现网络

## 3.4 文献图谱分析基本原理
### 3.4.1 计数方法
#### 3.4.1.1 文献图谱分析中的计数

在文献计量分析中目前有两种计数方式，分别为完整计数（Full counting）和分数计数（Fractional counting）。如在一篇包含四个作者的合作分析中，完整计数代表了各个作者具有相同的权重1，在合作权重的计算上也为1；在分数计算中作者也具有相同的权重，不同的是各个作者占论文合作权重的1/4。

在VOSviewer中，按照与两种计数方法类似的思路，嵌入基于完整计数和分数计数的文献网络的分析方法，位于Create a map based on bibliographic data功能模块中，并可应用在耦合分析、共被引分析和作者的合作分析中（如图3.19）。文献网络分析的完整计数和分数计数与上面提到的作者计数还有所区别，下面对作者的合作网络、作者的耦合网络以及文献的共被引网络进行详细说明①。

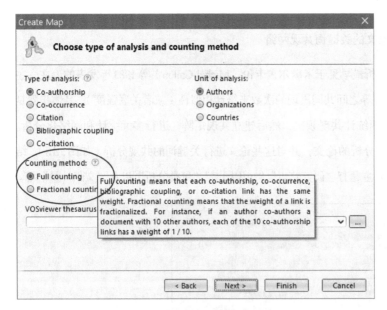

图3.19 VOSviewer完整计数和分数计数功能

（1）合作网络的完整和分数计数

例如，有三篇论文分别为P1、P2、P3，这三篇论文共有四个不同的作者R1、R2、R3和R4。若R是论文P的作者，那么在作者—论文矩阵中用1表示，否则为0。作者—论文的隶属矩阵如表3.1，作者—论文的网络如图3.20。

---

① Perianes-Rodriguez A, Waltman L, van Eck N J. Constructing bibliometric networks: A comparison between full and fractional counting. *Journal of Informetrics*, 2016, 10(4): 1178-1195.

表3.1 作者—论文的隶属矩阵

|  | P1 | P2 | P3 | 合计 |
|---|---|---|---|---|
| R1 | 1 | 1 | 0 | 2 |
| R2 | 1 | 0 | 1 | 2 |
| R3 | 1 | 1 | 0 | 2 |
| R4 | 0 | 0 | 1 | 1 |
| 合计 | 3 | 2 | 2 | |

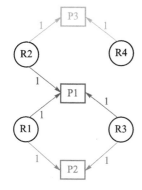

图3.20 作者—论文的网络

完整计数中,可以直接使用作者—论文矩阵与其转置矩阵进行乘法运算,即 $U=AA^T$,来得到作者的合作矩阵。在作者—论文矩阵 $A$ 中,若 $i$ 为论文 $j$ 的作者,则 $a_{ij}=1$。否则 $a_{ij}=0$。对于每一篇论文 $j$,要求 $n_j>1$,$n_j$ 为论文 $j$ 作者的总量。$u_{ij}$ 代表整数计数方法得到的 $i$ 和 $j$ 的原始合作强度,

$$u_{ij}=\sum_{k=1}^{N}a_{ik}a_{jk}。$$

例如:

$$u_{13}=a_{11}a_{31}+a_{12}a_{32}+a_{13}a_{33}=R1\times R3=1\times 1+1\times 1+0\times 0=2,$$
$$u_{23}=a_{21}a_{31}+a_{22}a_{32}+a_{23}a_{33}=R2\times R3=1\times 1+0\times 1+1\times 0=1。$$

在分数计数中,使用 $u_{ij}^*$ 代表分数计数下 $i$ 和 $j$ 的合作论文的强度,计算公式如下:

$$u_{ij}^*=\sum_{k=1}^{N}\frac{a_{ik}a_{jk}}{n_k-1}。$$

例如:

$$u_{13}^*=\frac{a_{11}a_{31}}{n_1-1}+\frac{a_{12}a_{32}}{n_2-1}+\frac{a_{13}a_{33}}{n_3-1}=\frac{1\times 1}{3-1}+\frac{1\times 1}{2-1}+\frac{0\times 0}{2-1}=1.5,$$

$$u_{23}^*=\frac{a_{21}a_{31}}{n_1-1}+\frac{a_{22}a_{32}}{n_2-1}+\frac{a_{23}a_{33}}{n_3-1}=\frac{1\times 1}{3-1}+\frac{0\times 1}{2-1}+\frac{1\times 0}{2-1}=0.5。$$

如上所述,在分数计数中每一个节点应有相同的整体效应。例如作者2,其与作者1和3

合作了1篇论文，因此应该与作者2与4合作了1篇论文的效应相同。这里之所以在分母中使用$n-1$，是因为在分析中不考虑作者在合作网络中的自链接（Self-links）。另外，这样可以使某一作者与其他作者的所有合作关系强度达到一个合适的比例。例如，这里我们使用$n$来代替$n-1$对R2与R4、R1和R3进行计算，来比较二者的不同。

$$u_{24}^* = \frac{1 \times 0}{3-1} + \frac{0 \times 0}{2-1} + \frac{1 \times 1}{2-1} = 1,$$

$$u_{21}^* = \frac{1 \times 1}{3-1} + \frac{1 \times 0}{2-1} + \frac{0 \times 1}{2-1} = 0.5,$$

$$u_{23}^* = \frac{1 \times 1}{3-1} + \frac{0 \times 1}{2-1} + \frac{1 \times 0}{2-1} = 0.5。$$

当使用$n$来进行计算时：

$$u_{24}^{**} = \frac{1 \times 0}{3} + \frac{0 \times 0}{2} + \frac{1 \times 1}{2} = 0.5,$$

$$u_{21}^{**} = \frac{1 \times 1}{3} + \frac{1 \times 0}{2} + \frac{0 \times 1}{2} = 0.33,$$

$$u_{23}^{**} = \frac{1 \times 1}{3} + \frac{0 \times 1}{2} + \frac{1 \times 0}{2} = 0.33。$$

容易得到$u_{24}^{**} = 0.5 < u_{21}^{**} + u_{23}^{**} = 0.66$，这就违反了分数计数的比例原则。

按照上面的公式，分别计算完整计数和分数计数方法下作者的合作矩阵，如表3.2，并绘制作者的合作网络，如图3.21。

**表3.2a  完整计数的作者合作矩阵**

| | 完整计数的作者合作矩阵 | | | | |
|---|---|---|---|---|---|
| | R1 | R2 | R3 | R4 | 合计 |
| R1 | — | 1 | 2 | 0 | 3 |
| R2 | 1 | — | 1 | 1 | 3 |
| R3 | 2 | 1 | — | 0 | 3 |
| R4 | 0 | 1 | 0 | — | 1 |
| 合计 | 3 | 3 | 3 | 1 | |

**表3.2b  分数计数的作者合作矩阵**

| | 分数计数的作者合作矩阵 | | | | |
|---|---|---|---|---|---|
| | R1 | R2 | R3 | R4 | 合计 |
| R1 | — | 0.5 | 1.5 | 0.0 | 2.0 |
| R2 | 0.5 | — | 0.5 | 1.0 | 2.0 |
| R3 | 1.5 | 0.5 | — | 0.0 | 2.0 |
| R4 | 0.0 | 1.0 | 0.0 | — | 1.0 |
| 合计 | 2.0 | 2.0 | 2.0 | 1.0 | |

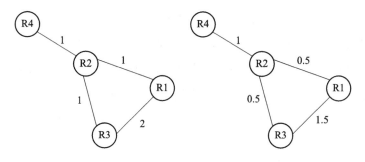

图 3.21 作者合作网络

（2）耦合网络的完整和分数计数

这里我们给出五位作者引证的四篇论文的作者—引证论文矩阵（简称为引证矩阵），如表 3.3，以及与之对应的网络，如图 3.22。

表 3.3 作者—引证论文矩阵

|     | P1 | P2 | P3 | P4 | 合计 |
| --- | --- | --- | --- | --- | --- |
| R1 | 3 | 1 | 2 | 0 | 6 |
| R2 | 2 | 0 | 1 | 0 | 3 |
| R3 | 1 | 2 | 0 | 0 | 3 |
| R4 | 0 | 0 | 0 | 1 | 1 |
| R5 | 0 | 1 | 0 | 1 | 2 |
| 合计 | 6 | 4 | 3 | 2 | |

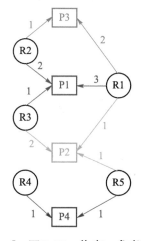

图 3.22 作者—参考文献网络

在文献耦合网络中,两个作者的耦合强度由其引用的相同参考文献的数量来决定。因此,在作者耦合分析中,两位作者所具有的相同参考文献的数量越多,那么两位作者的耦合强度就越大。在完整计数中,对于耦合矩阵$V$可以通过引证矩阵与其转置相乘得到,即$V=CC^T$。在$C$矩阵中,若$i$引证了文献$j$,$c_{ij}\geq 1$,否则$c_{ij}=0$。对于每一个引证的论文$j$,要求$n_j>1$,这里$n_j$为论文$j$被引证的总次数。在完整计数下的作者耦合矩阵中,使用$v_{ij}$来表示$i$和$j$共同引证文献的数量。计算方式如下:

$$v_{ij}=\sum_{k=1}^{N}c_{ik}c_{jk},$$

式中$N$表示参与分析的论文的数量。

$$v_{45}=0\times 0+0\times 1+0\times 0+1\times 1=1,$$
$$v_{15}=3\times 0+1\times 1+2\times 0+0\times 1=1,$$
$$v_{35}=1\times 0+2\times 1+0\times 0+0\times 1=2。$$

在分数计数分析的作者耦合分析中,使用$v_{ij}^*$来表示$i$和$j$共同引证文献的分数计数数量。计算方式如下:

$$v_{ij}^*=\sum_{k=1}^{N}\frac{c_{ik}c_{jk}}{n_k-1},$$

$$v_{45}^*=\frac{0\times 0}{6-1}+\frac{0\times 1}{4-1}+\frac{0\times 0}{3-1}+\frac{1\times 1}{2-1}=1,$$

$$v_{15}^*=\frac{3\times 0}{6-1}+\frac{1\times 1}{4-1}+\frac{2\times 0}{3-1}+\frac{0\times 1}{2-1}=0.33,$$

$$v_{45}^*=\frac{1\times 0}{6-1}+\frac{2\times 1}{4-1}+\frac{0\times 0}{3-1}+\frac{0\times 1}{2-1}=0.67。$$

按照上面的计算公式,分别计算得到完整计数和分数计数方法下作者耦合矩阵,如表3.4,并绘制作者耦合网络(如图3.23)。

表3.4a 完整计数的作者耦合矩阵

| | 完整计数的作者耦合矩阵 | | | | | |
|---|---|---|---|---|---|---|
| | R1 | R2 | R3 | R4 | R5 | 合计 |
| R1 | — | 8 | 5 | 0 | 1 | 14 |
| R2 | 8 | — | 2 | 0 | 0 | 10 |
| R3 | 5 | 2 | — | 0 | 2 | 9 |
| R4 | 0 | 0 | 0 | — | 1 | 1 |
| R5 | 1 | 0 | 2 | 1 | — | 4 |
| 合计 | 14 | 10 | 9 | 1 | 4 | |

表 3.4b　分数计数的作者耦合矩阵

| | 分数计数的作者耦合矩阵 | | | | | |
|---|---|---|---|---|---|---|
| | R1 | R2 | R3 | R4 | R5 | 合计 |
| R1 | — | 2.20 | 1.27 | 0.00 | 0.33 | 3.80 |
| R2 | 2.20 | — | 0.40 | 0.00 | 0.00 | 2.60 |
| R3 | 1.27 | 0.40 | — | 0.00 | 0.67 | 2.34 |
| R4 | 0.00 | 0.00 | 0.00 | — | 1.00 | 1.00 |
| R5 | 0.33 | 0.00 | 0.67 | 1.00 | — | 2.00 |
| 合计 | 3.80 | 2.60 | 2.34 | 1.00 | 2.00 | |

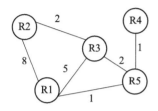
完整计数的作者耦合网络

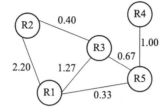
分数计数的作者耦合网络

图 3.23　作者耦合网络

（3）共被引网络的完整和分数计数

在使用完整计数分析共被引网络时，共被引矩阵 $W$ 可以通过引证矩阵的转置与其原始矩阵相乘得到，即 $W=C^{\mathrm{T}}C$。对于矩阵 $C$ 中每一个元素，若 $i$ 引证 $j$，则 $c_{ij} \geqslant 1$，否则 $c_{ij}=0$。对于每一篇论文 $i$，我们要求论文 $j$ 的总被引频次 $n_j > 1$。两个文献在完整计数方法下计算得到的共被引原始强度 $w_{ij}$ 为：

$$w_{ij} = \sum_{k=1}^{N} c_{ki} c_{kj},$$

式中 $N$ 代表分析中论文的总数量。

分数计数方法下的共被引原始强度 $w_{ij}^*$ 的计算为：

$$w_{ij}^* = \sum_{k=1}^{N} \frac{c_{ki} c_{kj}}{n_k - 1}。$$

尽管从各种分析的情况来看，分数计数要优于完整计数的结果。但就整体结果上来看，整数计数和分数计数得到的结果并没有非常显著的差异①。

**3.4.1.2　文献主题挖掘中的计数**

在 VOSviewer 的文本挖掘模块 Create a map based on a text corpus 的功能中，对文本中词频的

---

① Perianes-Rodriguez A, Waltman L, van Eck N J. Constructing bibliometric networks: A comparison between full and fractional counting. *Journal of Informetrics*, 2016, 10(4): 1178−1195.

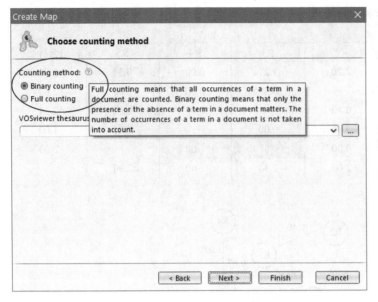

图3.24　VOSviewer文本的二值计数和完整计数

分析有两种计数方法，分别为二值计数（Binary counting）和完整计数（Full counting），如图3.24。

二值计数是指一个术语在某个文本中出现了则记为1，若没有出现则记为0，并最后统计1的个数，即为得到的某个术语在所有文本集中的出现次数或者权重（Weight）。通过该种算法的原理，可以推知这种计算词频的结果与术语出现的文本数量相等。

完整计数是指在一个文本中集中、全面地计算某个术语出现的总次数。若在某一论文中safety出现了3次，按照二值计数的方法，计算的出现频次为1；而在完整计数下，得到的safety的出现频次则记为3。

在VOSviewer的文本挖掘功能中二值计数是默认推荐的功能，也可以根据需求来选择完整计数。

### 3.4.2　矩阵的标准化方法

VOSviewer中嵌入的标准化分析方法主要有关联强度方法（Association normalization）和联合概率方法（Fractionalization normalization），具体的计算公式如下[1]。

关联强度方法：

$$S_{ij} = \frac{c_{ij}}{c_i c_j};$$

联合概率方法：

$$S_{ij} = \frac{1}{2}\left(\frac{c_{ij}}{c_i} + \frac{c_{ij}}{c_j}\right)。$$

---

[1] van Eck N J, Waltman L. How to normalize co-occurrence data? An analysis of some well-known similarity measures. *Journal of the American Society for Information Science and Technology*, 2009, 60(8): 1635−1651.

上面式中 $S_{ij}$ 为 $i$ 与 $j$ 的标准化结果，或称为 $i$ 与 $j$ 之间的相似性；$c_{ij}$ 为 $i$ 与 $j$ 的共现次数（或权重）；$c_i=\sum_j c_{ij}$ 为 $i$ 在网络中与其他节点共现的总权重。

### 3.4.3 布局和聚类分析方法

VOSviewer 的核心原理为 VOS 布局（VOS mapping）方法和 VOS 聚类（VOS clustering）方法[①]。VOS 布局方法与多维尺度分析方法类似，都是基于距离的可视化（Distance-based maps）方法，用于确定元素在二维空间的位置。VOS 聚类方法与网络的模块化聚类（Modularity-based clustering）方法类似，用来对文献网络进行聚类分析。在实际的执行计算中，VOSviewer 首先对原始网络按照 VOS 布局算法进行布局，然后再按照 VOS 聚类方法进行聚类（如图 3.25）。也就是说 VOS 采用了两种不同的方法来对元素进行分析，因此两种分析方法得到的结果有时候会存在一些不一致的地方。

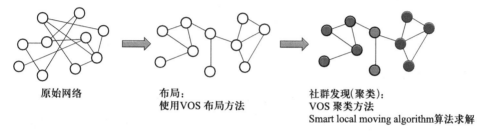

图 3.25 VOSviewer 对网络的分析

#### 3.4.3.1 VOS 布局方法

VOS 布局的基本思想是最小化所有"元素对"的欧几里得距离平方的加权和，即

$$V(x_1,\cdots,x_n) = \sum_{i<j} S_{ij} \|x_i - x_j\|^2 。$$

其中两个元素之间的距离 $d_{ij}$ 计算公式为：

$$d_{ij} = \|x_i - x_j\| = \sqrt{\sum_{k=1}^{p}(x_{ik} - x_{jk})^2} 。$$

为了避免得到平凡解，即二维图上元素的位置重合。这里设置目标函数的约束条件为所有元素距离之和的平均值为 1，见下式：

$$\frac{2}{n(n-1)} \sum_{i<j} \|x_i - x_j\| = 1 。$$

在 2014 年的版本中，VOS 增加了布局的优化参数。分别为前面提到的 Mapping attraction

---

[①] Waltman L, van Eck N J, Noyons E C M. A unified approach to mapping and clustering of bibliometric networks. *Journal of Informetrics*, 2010, 4(4): 629–635.

（α吸引参数）和 Mapping repulsion（β排斥参数）。

为了优化节点在二维空间的布局，需要求解下式的最小化：

$$L(x_1,\cdots,x_n)=\frac{1}{\alpha}\sum_{i<j}a_{ij}\|x_i-x_j\|^{\alpha}-\frac{1}{\beta}\sum_{i<j}\|x_i-x_j\|^{\beta}。$$

上式中：

$x_i$ 为节点在二维空间的位置；

$a_{ij}$ 为节点 $i$ 与 $j$ 之间的连线权重；

$\alpha$ 和 $\beta$ 为吸引和排斥的参数（要求 $\alpha > \beta$）；

传统的 VOS 布局技术推荐的参数 $\alpha=2$，$\beta=1$；

LinLog 与 Modularity 配合使用的推荐参数为 $\alpha=1$，$\beta=0$。

特别地，在 VOSviewer 的 1.6.4 版本中 $\alpha$ 的取值范围为 [-9, +10] 之间的整数，$\beta$ 为 [-10, +9] 之间的整数。当分析的文献网络为作者合作时 $\beta$ 默认为 -1，当分析的文献网络为关键词共现时，$\beta$ 的默认值为 0，其他分析的 $\beta$ 默认值都为 1。各种情况下 $\alpha$ 的默认值为 2。

### 3.4.3.2 VOS 聚类方法

聚类（Clustering）是将物理或抽象的对象集合分成多个组的过程，聚类生成的组称为簇（Cluster），即簇是对象的集合。聚类簇内部的各个元素之间具有较高的相似度，而不同簇之间则具有较高的相异度。聚类算法在社会网络或者复杂网络分析中有不同的名称，即"社团的发现"。VOSviewer 使用的聚类算法是类似于 Modularity 的网络聚类方法，具体是最大化下式：

$$V(c_1,\cdots,c_n)=\frac{1}{2m}\sum_{i<j}\delta(c_i,c_j)w_{ij}\left(c_{ij}-\gamma\frac{c_ic_j}{2m}\right)。$$

式中：

$w_{ij}=2m/c_ic_j$；

$c_i$ 为元素 $i$ 所属的聚类；

$\delta(c_i,c_j)$ 表示的方程值为 1（若 $c_i=c_j$）或 0；

$\gamma$ 为聚类的分辨率（Clustering resolution），通过调整其大小而得到不同分辨率的聚类。$\gamma$ 越大则得到的聚类就越多，即分的类就越细。

$$\gamma=\begin{cases}0, & x_i=x_j \\ 1/d_{ij}, & x_i\neq x_j\end{cases},$$

当上式中的 $w_{ij}$ 和 $\gamma$ 设置为 1 时，该网络聚类算法与 Modularity 一致。

### 3.4.4 密度图原理[1]

#### 3.4.4.1 典型密度图原理

在密度图中用红色和蓝色来表示某个主题附近的密度情况，某个元素$x=(x_1, x_2)$的密度$D(x)$定义为：

$$D(x) = \sum_{i=1}^{n} w_i K\left(\|x-x_i\|/(\overline{d}h)\right)。$$

这里$K: [0, \infty) \to [0, \infty)$代表核函数；$K$为非增函数，在VOSviewer中给出的核函数表达式为$K(t) = \exp(-t^2)$，该函数为高斯核函数；其中$\overline{d} = \dfrac{2}{n(n-1)} \sum_{i<j} \|x_i - x_j\|$，表示图中元素距离的平均值；$h>0$是代表核宽度的参数（默认条件下$h=0.125$），用来平滑处理密度图（Smoothing parameter）。选择合适的$h$是可视化的关键，过小的$h$会使得密度图过于粗糙，而过大的$h$会使得密度图过于平滑；$w_i$代表元素$i$的权重，具体是指某个元素出现的总次数或者元素$i$与其他元素共现的总次数；从密度图的表达式来看，一个元素的密度大小取决于周围元素的数量及这些元素的权重大小。某个元素周围的其他元素越多、权重越大、与其他元素的距离越近，那么该元素的密度就越大。密度图中，主要区域用红色和蓝色来标示元素密度，蓝色表示密度低的区域，红色代表密度高的区域。

#### 3.4.4.2 聚类密度图原理

在典型的密度图基础上，该软件提供了基于聚类的密度图。在聚类密度图中，元素的密度在各类中分别计算。如某个聚类$p$中的元素$x$的密度$D_p(x)$被定义为：

$$D_p(x) = \sum_{i=1}^{n} I_p w_i K\left(\|x-x_i\|/(\overline{d}h)\right)。$$

这里$I_p(i)$为指示函数（Indicator function），当元素$i$属于聚类$p$时，$I_p(i)=1$，否则为0。

### 3.4.5 主题挖掘原理

VOSviewer科技文献主题挖掘的过程分为四步[2]，如图3.26。

图3.26　主题挖掘的过程

---

[1] van Eck N J, Waltman L. Software survey: VOSviewer, a computer program for bibliometric mapping. *Scientometrics*, 2010, 84(2): 523–538.

[2] van Eck N J, Waltman L, Noyons E C M, et al. Automatic term identification for bibliometric mapping. *Scientometrics*, 2010, 82(3): 581–596.

第一步：对文本数据的预处理。

该处理过程主要是对词性标签（Part-of-speech tag）的处理，该工具包由赫尔穆特·施密德（Helmut Schmid）开发[①]。执行词元、词根过程后，按照下面规则从所提取的术语中集中提取名词性术语：提取名词和形容词术语；提取的术语以名词结尾；仅提取满足某一阈值的术语。

第二步：主题的单元性计算。

主题的单元性（Unithood）计算是指对序列单词是否组合为一个稳定词法单元的测量（即Semantic units）。在VOSviewer中该步骤的主要任务就是对第一步识别的名词性术语进行分析，用来去除一些无意义的名词术语。

第三步：主题的术语性计算。

主题的术语性（Termhood）计算用来测度由单元性（Unithood）得到的稳定知识单元与某一领域概念的相关程度。

第四步：主题的识别。

该步骤主要是使用概率潜在语义分析（Probabilistic Latent Semantic Analysis）算法对文献的主题进行识别。

另外，新版的VOSviewer增加了主题的叠加（Overlay）分析、时间因素和影响因素分析，具体参见下文的介绍。

以上对VOSviewer软件的分析原理的介绍，可以帮助大家了解VOSviewer是如何工作的，并加深对分析结果的认识。接下来，我们正式进入VOSviewer核心功能的操作环节。

---

[①] 参见http://www.cis.uni-muenchen.de/~schmid/tools/TreeTagger/，2016-2-15。

# 第4讲　VOSviewer核心功能

在VOSviewer中创建可视化图谱，先启动软件，进入软件的主界面。单击左侧功能区的Create（创建）按钮，便可以进入Create Map（创建图谱）的对话框。这时我们需要选择一种制作图谱的方法（Choose mapping approach），共有三种方法，分别为Create a map based on network data（基于网络文件的方法）、Create a map based on bibliographic data（基于文献数据的方法）以及Create a map based on text data（基于语料库的方法），具体参见图4.1。

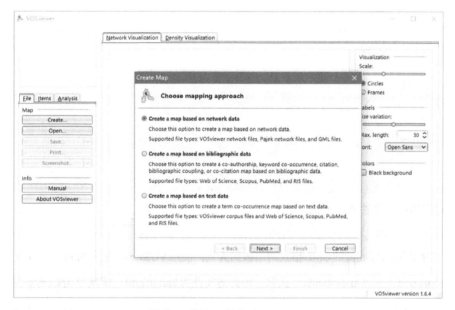

图4.1　VOSviewer可视化图谱的三种方法

Create a map based on network data功能中包含基于VOSviewer网络文件、Pajek网络文件以及GML格式文件的网络可视化方法。Create a map based on bibliographic data中包含对来自WoS、Scopus和PubMed文献数据库数据的Co-authorship（作者合作分析）、Co-occurrence（共现分析）、Citation（引文网络分析）、Bibliographic coupling（文献耦合分析）以及Co-citation（共被引分析）。Create a map based on text data主要是对语料库主题的挖掘，这里提供了VOSviewer文本、WoS、Scopus以及PubMed文献数据库数据。

## 4.1　网络文件的可视化分析

VOSviewer提供三种格式的网络可视化文件，分别为VOSviewer、Pajek和GML（如图4.2）。

其中VOSviewer格式包含两个TXT文件，如解压后的文件夹中包含的journal_map.txt（包含元素的名称和位置信息）和journal_network_full.txt（或journal_network_sparse.txt网络文件）。在该界面下加载目标网络，单击Next即可得到网络的可视化结果。Pajek和GML格式的文件后缀名分别为.net和.gml，在创建图形时只需要加载确认下一步即可。需要注意的是在加载时，VOSviewer和Pajek要求至少加载一个网络文件，其他的加载项是可选择加载或者不加载的。加载VOSviewer文件时有两个加载数据框，VOSviewer map file和VOSviewer network file。前者是可选择加载，后者则必须加载。

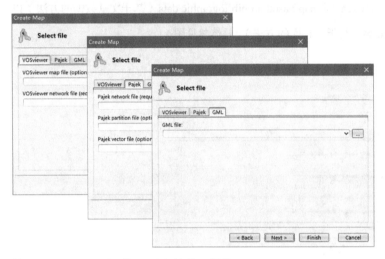

图4.2　VOS对网络图形文件的可视化

这里我们以空手道俱乐部成员的GML格式网络数据为例，使用VOSviewer进行可视化。数据从http://www-personal.umich.edu/~mejn/netdata/获取，得到的文件为karate.gml。依次单击Create→Create a map based on network data→GML→Browse karate.gml→Next（如图4.3），得到该网络的可视化结果（如图4.4）。

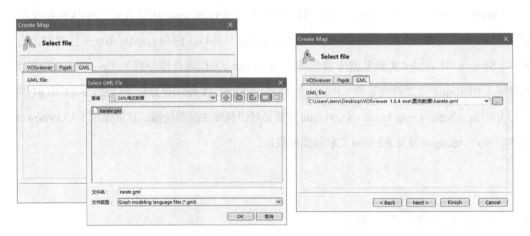

图4.3　GML文件的加载过程

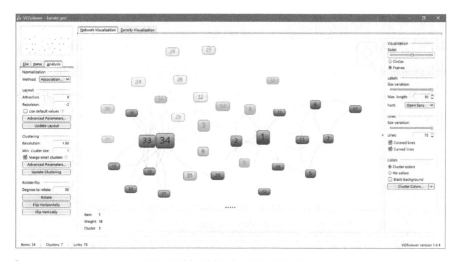

图4.4 VOSviewer对空手道俱乐部成员的网络可视化

使用其他软件得到中文安全科学学者合作网络文件后，也可以导入VOSviewer中进行可视化分析（如图4.5）。

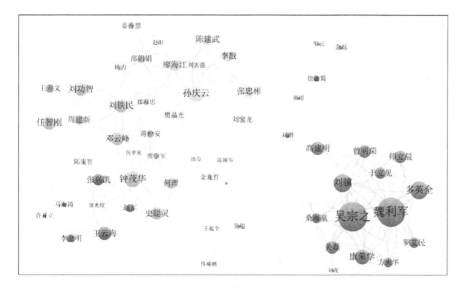

图4.5 安全科学学者合作网络的可视化

加载VOSviewer和Pajek文件的方法同上，这里不再赘述。

可以在下面的网页中获取用于做练习的网络文件：http://www-personal.umich.edu/~mejn/。

## 4.2 科技文献网络的可视化分析

进入科技文献网络分析功能模块的步骤为：打开VOSviewer软件后，依次单击Create→Create a map based on bibliographic data→Next（如图4.6），然后进入数据加载页面，这里提供了四种格式的数据加载（如图4.7）。按照提示加载完数据后单击Next，即可进入文献网络的分析功能页面。

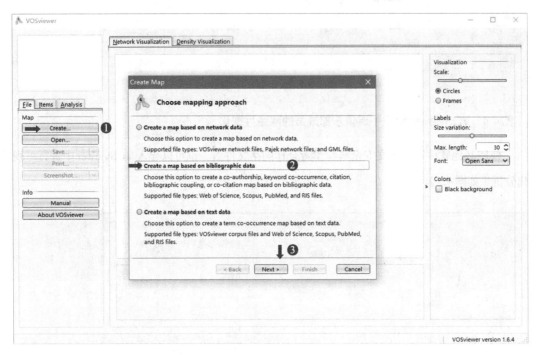

图4.6 进入文献网络的分析界面

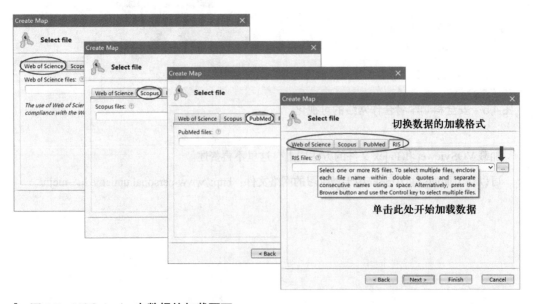

图4.7 VOSviewer中数据的加载页面

科技文献网络的可视化分析是基于文献计量学的概念、理论和方法进行的分析。该模块的功能包含了五种常见的文献计量方法，分别为作者的合作、关键词的共现、引证网络、耦合网络以及共被引网络。

科研合作网络的分析（Co-authorship）包含了作者（Authors）、机构（Organizations）以及国家/地区（Countries）的合作网络分析（如图4.8）。

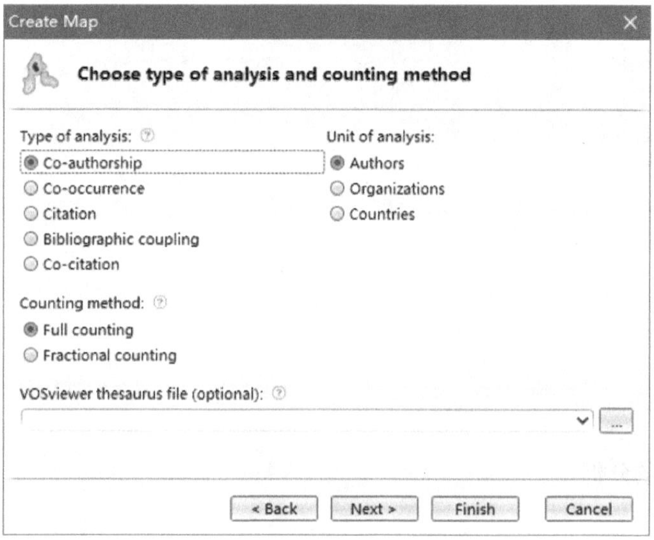

图4.8　VOSviewer中科研合作网络的分析

科技文献的共现分析（Co-occurrence）目前仅仅包含了两种类型、三种组合的关键词共现，分别为所有关键词（All keywords）、作者关键词（Author keywords）和扩展关键词（Keywords Plus）的共现分析（如图4.9）。

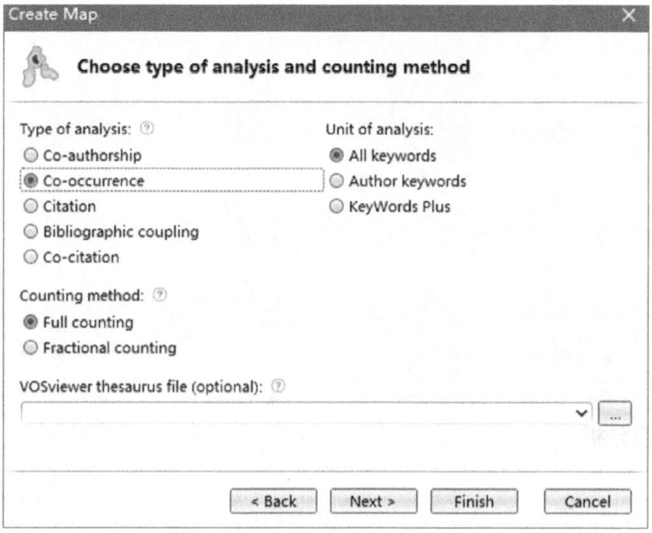

图4.9　VOSviewer中关键词的共现分析

引证分析（Citation）是通过对文献之间的互相引用分析建立的文献网络，在VOSviewer中包含了文献（Documents）的相互引证、出版物（Sources）的相互引证、作者（Authors）的相互引证、机构（Organizations）的相互引证以及国家/地区（Countries）的相互引证（如图4.10）。

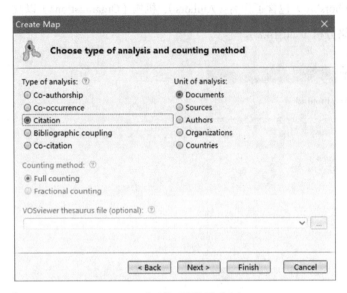

图4.10　VOSviewer中引证网络的分析

文献耦合分析（Bibliographic coupling）包含施引文献（Documents）、出版物（Sources）、作者（Authors）、机构（Organizations）以及国家/地区（Countries）的耦合（如图4.11）。

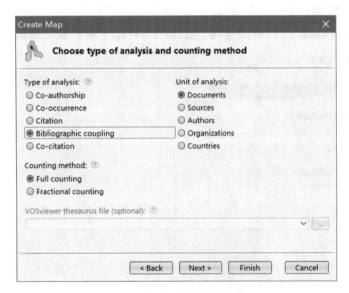

图4.11　VOSviewer中文献的耦合分析

共被引（Co-citation）分析包含了参考文献（Cited references）的共被引分析、引证出版物（Cited sources）的共被引分析以及作者［Cited authors（first author only）］的共被引分析（如图4.12）。

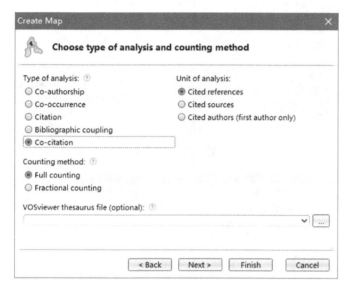

图4.12　VOSviewer中文献的共被引分析

下面分析案例中的数据均为发表于《安全科学》（*Safety Science*）上的文献数据，使用WoS进行采集，数据下载时间为2015年10月16日，最后共得到1990—2014年发表在该期刊上的2 223条文献数据。

### 4.2.1　科技文献的耦合分析

科技文献耦合分析的基本步骤可以总结为Create→Create a map based on bibliographic data→Browse→Next→Type of analysis→bibliographic coupling（Documents、Sources、Authors、Organizations或者Countries）→Next。

第一步：打开软件并加载数据。

按照上面的步骤，首先进入文献的分析功能界面，并按照提示加载WoS数据，此时可以通过Ctrl键+鼠标左键单击来选择多个文本文件。文本文件选择结束后，单击OK完成数据的初步加载（如图4.13）。

第二步：读取数据并进入分析界面。

上面的步骤仅仅是给出了需要加载数据的映射，此时数据还没有进入软件中。初步加载后，页面显示如图4.14（左）。进一步单击Next，开始数据的读取。在本步骤中，如果分析的数据量比较大，读取会花费一定的时间。

第三步：在数据分析的功能界面进行操作。

当完成数据读取，单击Next即可进入数据的分析功能区（如图4.15）。选择文献的耦合分析功能，可以得到五种类型的文献耦合分析选项。这里以施引文献的耦合分析为例，直接单击

Next后会得到一个对话框，提示软件从要分析的2 223篇文献中根据耦合强度选择了500篇论文，这里默认并单击Next。如果分析的耦合文献太多，结果可能会比较复杂，此时可以在此界面Number of documents to be selected中输入想要分析的施引文献的数量，再单击Next。

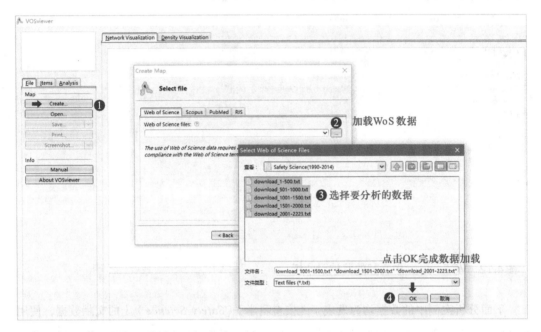

图4.13　WoS数据加载步骤

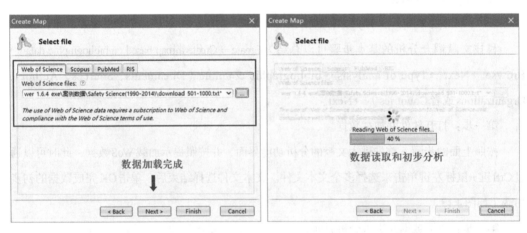

图4.14　完成数据加载并开始读取数据

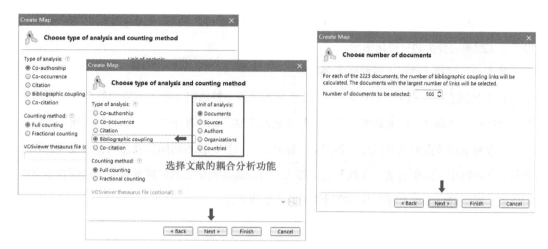

图 4.15　数据分析功能区及其数据加载的初步结果

第四步：计算结果及其可视化。

此时得到一个初步计算结果的界面（如图 4.16），这个界面中主要包含了被分析的施引文献的信息（作者+时间）和耦合强度（这里的耦合强度为某个文献与其他文献耦合强度的总和，计算方法为将其与每个文献的耦合强度相加）。如果想得到此列表信息，可以在窗口中任意单击鼠标右键来获取导出数据的菜单。

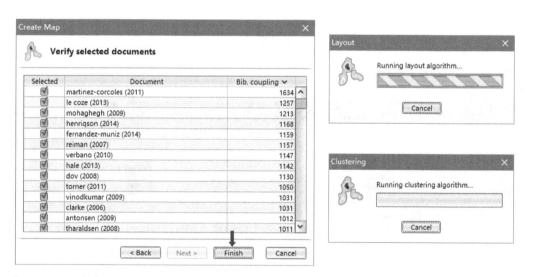

图 4.16　数据的初步计算结果及进一步可视化

通常情况下，在得到初步计算的列表后，继续单击 Next。若分析的节点数量很大，在一些情况下会有一个 Unconnected Items 提示，其含义是分析得到的网络并不是完全连通的。需要我们选择是否仅仅显示最大子网络，还是需要全部都显示出来。通常情况下，建议大家选择 Yes，即保留最大子网络。

单击 Yes 后，会出现一个 Mapping 的执行窗口，主要来执行被分析的元素在二维空间的布局。在 Mapping 执行一段时间后，执行窗口会变成 Clustering。当 Clustering 过程也结束后，就得到了文献耦合分析的可视化图形。

第五步：可视化结果、图形导出和保存。

在文献耦合的图形中（如图 4.17），每个节点代表一篇施引文献。不同的颜色代表了通过聚类算法对文献耦合网络的聚类后各个文献所属的类别。选中某个节点后，软件界面下方的信息栏中会显示该节点的基本信息，如作者、标题、出版物、发表时间以及总耦合强度等。若在文献耦合网络中直接单击某个文献节点，那么会自动链接到该文献的网页。如单击耦合结果中的节点，则会得到该论文所在期刊的网络页面（如图 4.18）。

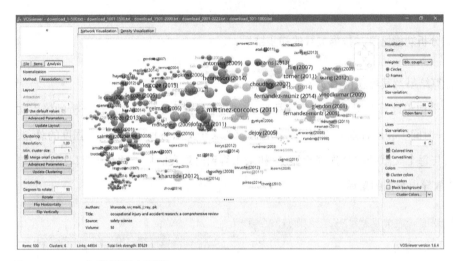

图 4.17　文献的耦合网络

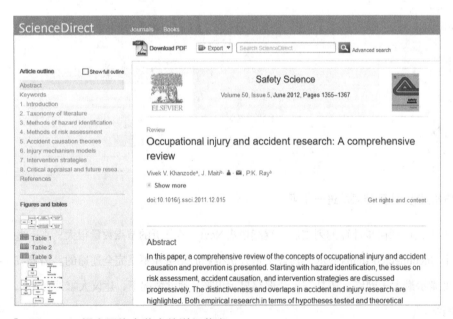

图 4.18　耦合网络中节点的详细信息

如果对得到的可视化结果比较满意，那么在VOSviewer界面左侧的File功能区的Screenshot中，可将结果保存为.png图片格式，或者单击 对要导出的图片进行设置。这里提供了Save to file、Copy to clipboard以及Screenshot options（Scaling 50%—400%、Optimize labeling和Include border）三种选择。

当然，这种以图片形式保存的结果是静态的，即不能通过VOSviewer再次读取。若要保存成动态的数据信息并用于以后的VOSviewer读取和再分析，可以单击Save后的 ，会出现三个提示，分别是Save map（保存图谱）、Save network（保存网络）和Save normalized network（保存标准化网络）。在Save map下有七种保存方式，分别为Text files（*.txt）、Comma-separated values files（*.csv）、Pajek matrix files（*.mat）、Pajek network files（*.net）、Pajek partition files（*.clu）、Pajek vector files（*.vec）和Graph modeling language files（*.gml），推荐大家保存为CSV格式和NET格式。Save network和Save normalized network下各有五个相同的选择，分别为TXT、CSV、MAT、NET和GML，这里建议保存为CSV格式。

此外，若Save network保存为TXT文件，那么Save map也需要保存为TXT文件，从而得到标准的VOSviewer文件。在保存时要注明哪个是图文件，哪个是网络文件。在左侧单击Open，并加载保存的两个txt文件即可打开保存的可视化结果。若Save map保存为NET文件，这里建议以Create a map based on network data的形式打开。当Save map保存为CSV时，主要用来在Excel中分析所得到的结果。另外，可以直接选中结果文件，拖到打开的VOSviewer中，这样也能快速地将结果在VOSviewer中展示出来。

鉴于作者、机构以及国家/地区等耦合分析与施引文献的耦合分析类似，这里就不再给出具体的步骤，其耦合结果分别为作者的耦合分析（$\alpha=5$，$\beta=-1$）、机构的耦合分析（$\alpha=2$，$\beta=1$）

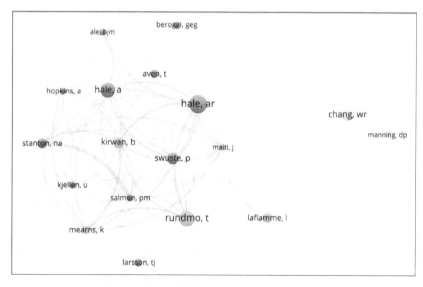

图4.19　作者的耦合分析结果

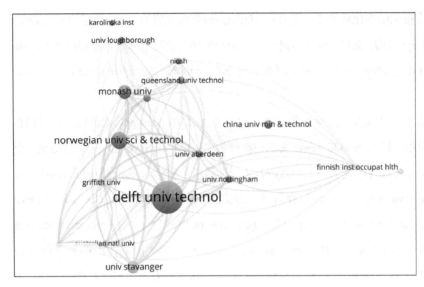

图 4.20　机构的耦合分析结果

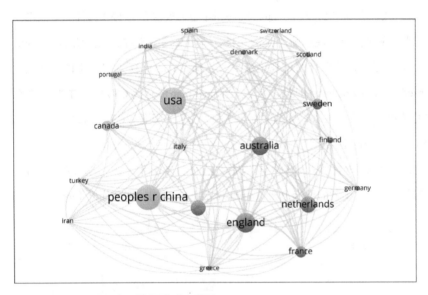

图 4.21　国家/地区的耦合分析结果

和国家/地区的耦合分析（$\alpha=3$，$\beta=1$），见图 4.19、图 4.20、图 4.21。由于期刊的耦合分析要求施引文献的数据来源至少超过三个期刊，本数据集仅仅包含《安全科学》（*Safety Science*）一本期刊的数据，因此这里不能进行期刊的耦合分析。需要补充的是，VOSviewer 在进行作者的耦合分析时考虑了某篇论文所有作者的耦合，而在分析作者的共被引分析时仅仅考虑参考文献的第一作者，原因是在 WoS 下载的 TXT 科技文献数据的参考文献中，只包含第一作者的信息。

最后，还需要特别注意，在文献的耦合网络中节点之间的连线代表的是耦合强度；在作者的耦合网络中，节点的大小代表的是作者的发文量（Documents）或者可以设置为单个节点的耦合总强度（Bibligraphic coupling）；在期刊的耦合网络中，节点的大小代表期刊的载文量或总耦合强度；在国家/地区的耦合网络中，节点的大小代表发文量或总耦合强度。

补充资料：地理数据的可视化

第一步：保存VOSviewer分析得到的含有地址字段的数据。

在VOSviewer中完成国家/地区或者机构的合作或者耦合分析后，可以进一步将该数据保存为CSV文件（单击左侧Save→Save Map，保存为comma-separated values files）。然后，使用Excel打开CSV文件，列（Label）即为国家/地区或者机构的名称（如图4.22）。

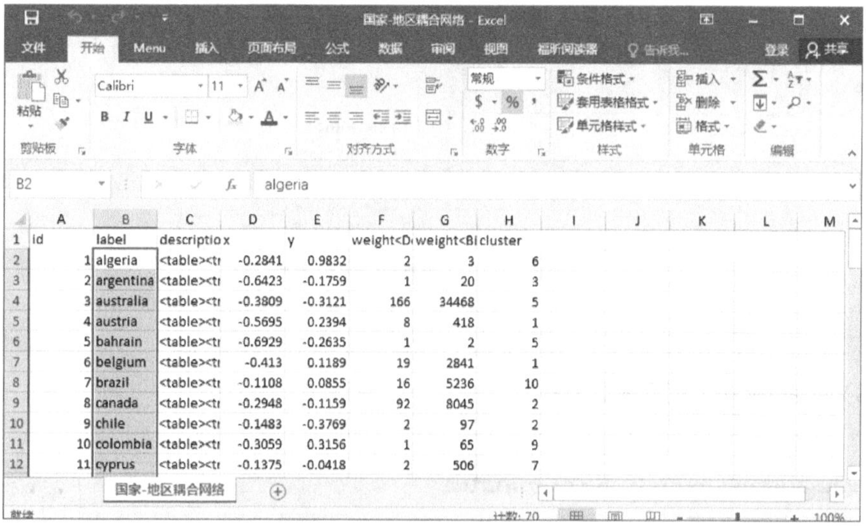

图4.22　VOSviewer导出的地理数据

第二步：使用地理可视化网站。

登录GPS Visualizer（http://www.gpsvisualizer.com/geocoder/），将国家/地区信息粘贴到Input中，Source中选择Bing Maps（这是因为我们用的API是Bing Maps）。然后，在Your Bing Maps API key中输入key，如果没有可以单击输入框后面的Get a key（如图4.23）。基本参数设置完成后，单击Start geocoding。此时Results as text中就会出现分析的结果，这里的结果给出了所分析地址的地理坐标（如图4.24）。

得到分析结果后，单击结果页面右侧的Draw a map就可以打开可视化结果。在结果可视化页面中，可以单击Download将结果下载为一个HTML格式的、命名类似于20160127220618-51241-map的文件。该文件可以用IE打开，允许选择不同的可视化地图的底图，并可以使用鼠标放大或者缩小图形。

更多关于科学数据地理可视化的分析方法，参见文献Mapping the Geography of Science, http://www.leydesdorff.net/software.htm。

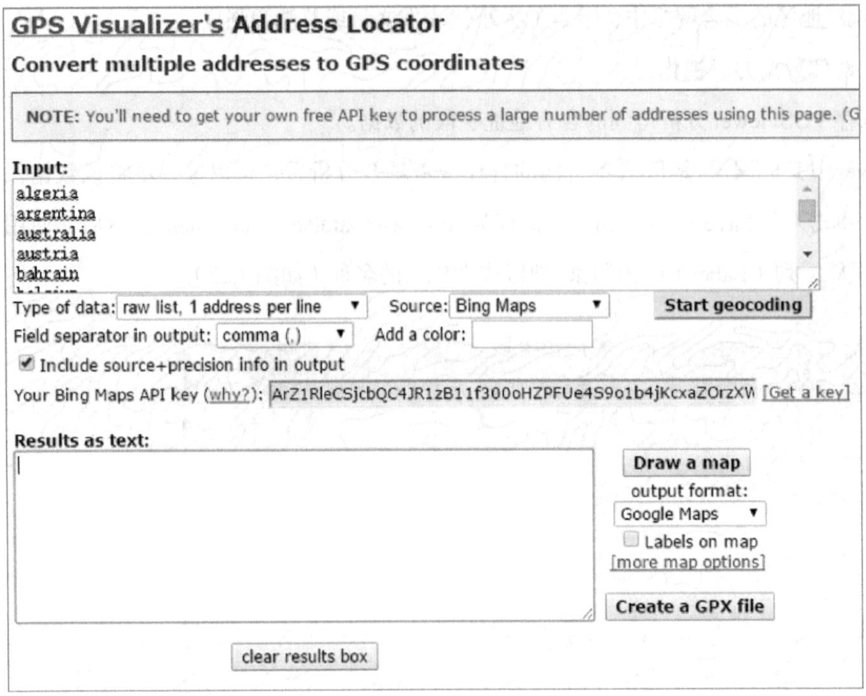

图 4.23 GPS Visualizer 的主页及参数设置

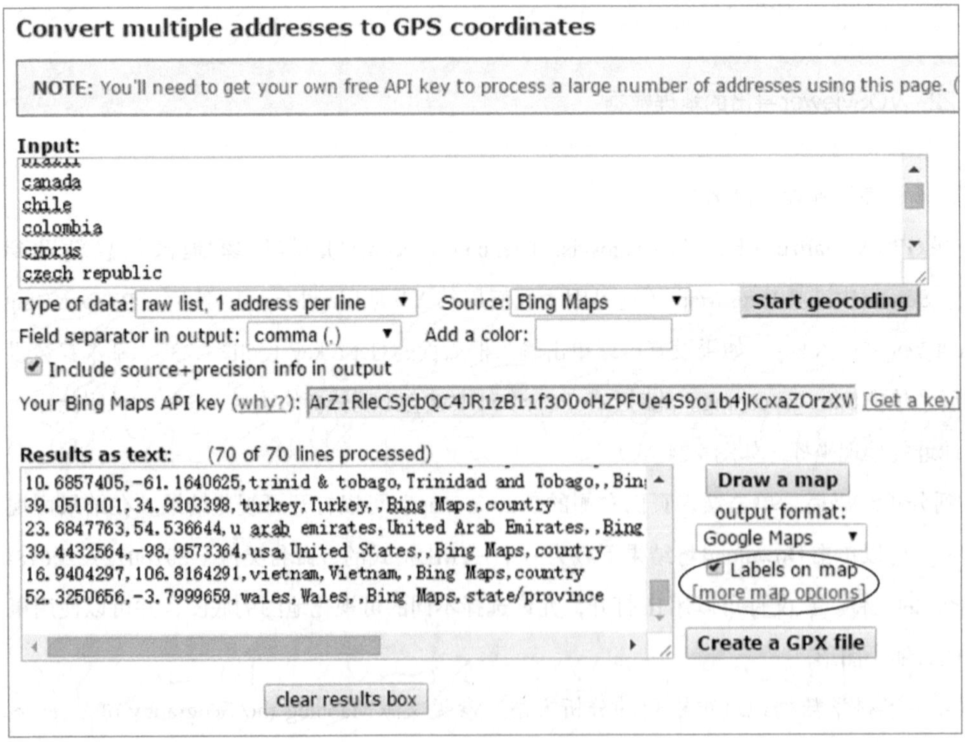

图 4.24 地理数据的分析

### 4.2.2 科技文献的作者合作分析

科技文献作者合作分析的加载数据与前面的一致（Create→Create a map based on bibliographic data，加载数据后单击Next），直到进入功能模块（如图4.25）。在功能模块中选择Co-authorship，此时在Unit of analysis显示出Authors、Organizations和Countries，分别表示作者的合作分析、机构的合作分析和国家/地区的合作分析。

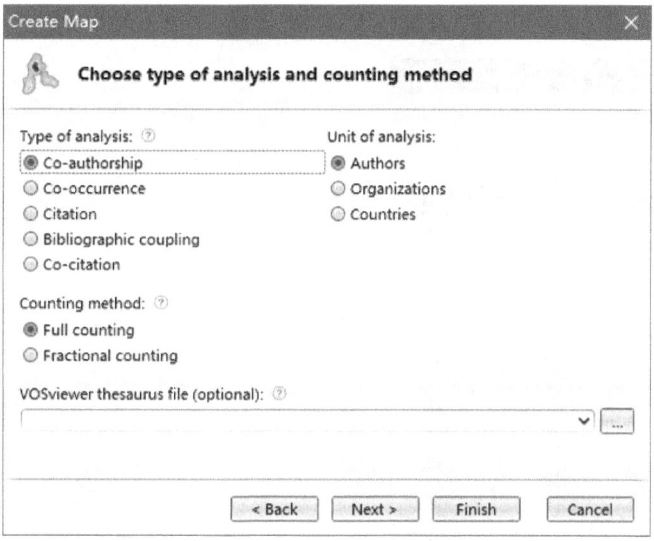

图 4.25　科技文献作者的合作分析界面

首先，以作者的合作网络分析为例进行说明。单击Unit of analysis下的Authors，再单击Next，开始对作者的合作进行分析。

此时会进入数据的初步分析结果页面，如图4.26。提示在默认阈值5（即作者发表的论文量）下提取的作者数量为97人（共有作者4 219人），如果我们对当前默认阈值下提取的作者数量满意，就单击Next。

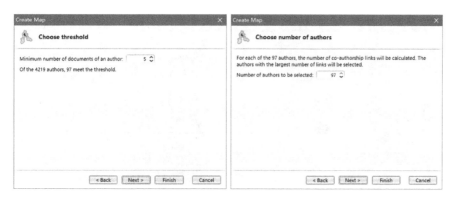

图 4.26　阈值设置及提取数据结果

这里可以根据自己的要求提高或者降低这个阈值，具体方法为在Minimum number of documents of an author后输入相应的阈值。若将其修改为10，则代表提高了满足条件作者的论文阈值，这将使得提取到的作者数量减少。

在完成上面步骤后，得到了如图4.27的分析结果。该列表中提供了作者的信息、作者的发文量以及作者的合作论文量。在此步骤中，可以单击表中的任意位置，得到导出本列表结果的窗口，将该表导出为TXT文件。

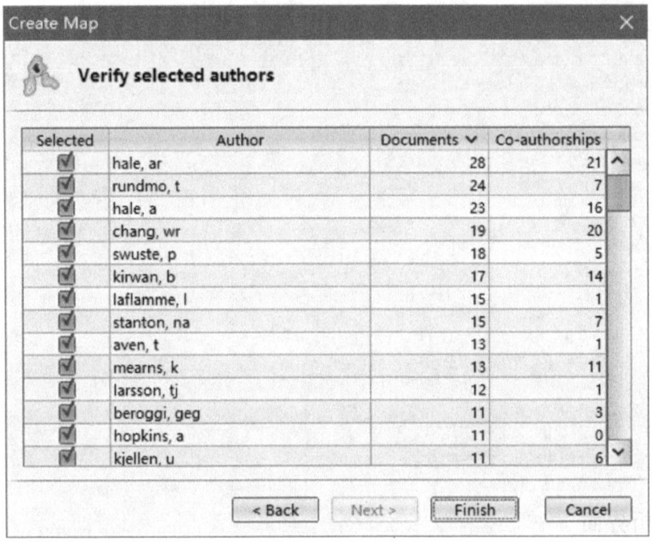

图4.27　初步分析结果列表

进一步单击Next，得到作者合作网络的可视化结果，如图4.28。在该可视化结果中，1个节点代表1个作者，节点的大小代表作者的发文量，节点的颜色代表按照默认的聚类方法得到的作者所属于的类群。网络中的连线代表了作者的合作关系，若对线宽进行设置，则可以用来表示合作的强度。

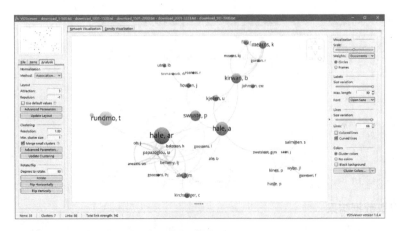

图4.28　作者合作网络的可视化结果

在合作网络中（作者、机构或者国家/地区），节点的大小有两种显示方法。默认条件下节点的大小按照论文量的多少进行显示，还可以在软件网络视图下的可视化界面C区中，将Weights从Documents改为Co-authorship。

保存后的作者合作网络见图4.29。图中的"hale，ar"和"hale，a"是同一人，那么怎样才能合并？在下文的功能补充中将进一步详细介绍图形中项目的合并、替换和删除功能。

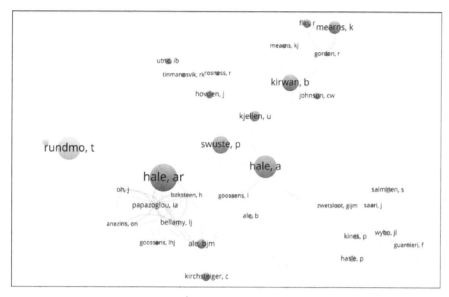

图4.29　作者合作网络的可视化结果

下面运用相同的数据按照类似的步骤完成机构（如图4.30）、国家/地区（如图4.31）的合作网络。

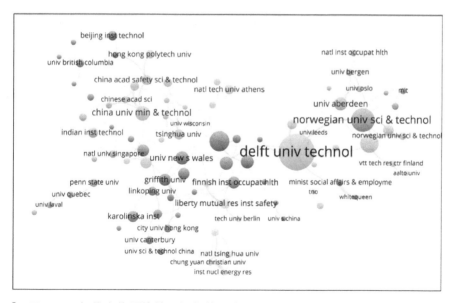

图4.30　机构合作网络的可视化结果（$\alpha=4$，$\beta=-1$）

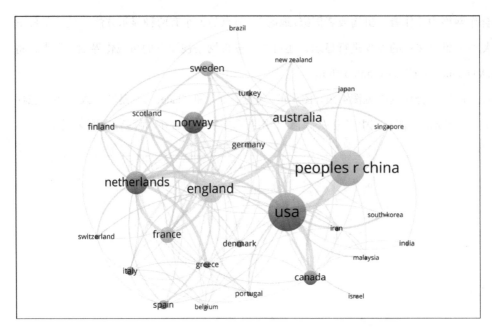

┃ 图4.31  国家/地区合作网络的可视化结果（LinLog/modularity，$\alpha=3$，$\beta=-2$）

下面介绍另一种可视化方法，以Excel 2016为辅助进行地理可视化。

第一步：从VOSviewer中导出地理属性的数据。

例如，在结束国家/地区的合作网络分析之后，我们在VOSviewer软件的左侧单击Save→Save map，保存为CSV格式（如图4.32）。

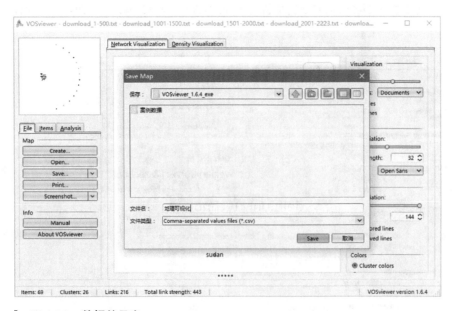

┃ 图4.32  数据的导出

第二步：打开数据，进行初步处理。

CSV格式的数据可以使用Excel直接打开，但是为了分析方便，这里把CSV里的数据复制到新建的Excel中，删除无意义的行（如图4.33）。

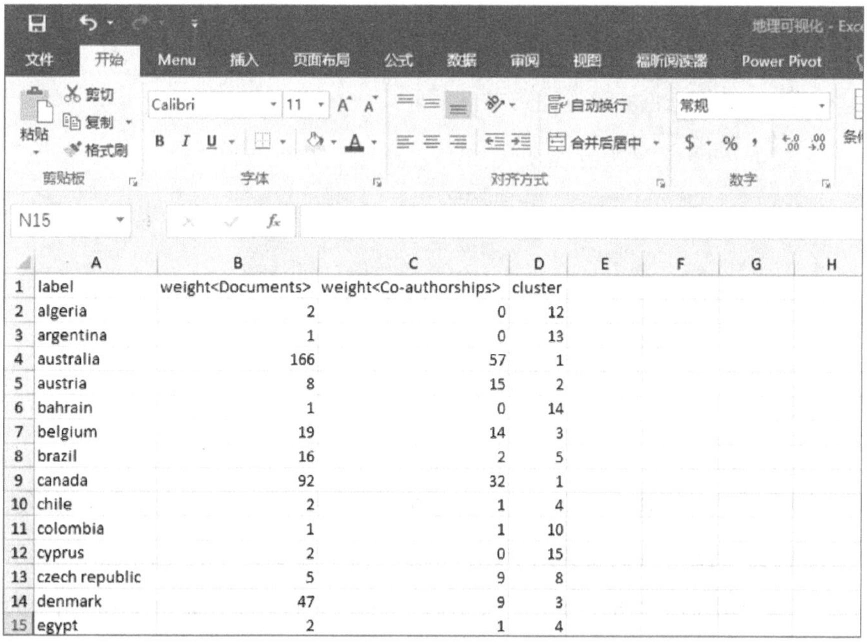

| | A | B | C | D |
|---|---|---|---|---|
| 1 | label | weight<Documents> | weight<Co-authorships> | cluster |
| 2 | algeria | 2 | 0 | 12 |
| 3 | argentina | 1 | 0 | 13 |
| 4 | australia | 166 | 57 | 1 |
| 5 | austria | 8 | 15 | 2 |
| 6 | bahrain | 1 | 0 | 14 |
| 7 | belgium | 19 | 14 | 3 |
| 8 | brazil | 16 | 2 | 5 |
| 9 | canada | 92 | 32 | 1 |
| 10 | chile | 2 | 1 | 4 |
| 11 | colombia | 1 | 1 | 10 |
| 12 | cyprus | 2 | 0 | 15 |
| 13 | czech republic | 5 | 9 | 8 |
| 14 | denmark | 47 | 9 | 3 |
| 15 | egypt | 2 | 1 | 4 |

图4.33　数据的预处理

第三步：数据的地理可视化分析。

为了对数据进行地理可视化分析，首先需要在Excel中选中要分析的数据区域（如图4.34）。然后依次单击插入→三维地图→打开三维地图，等待可视化界面的出现（如图4.35）。

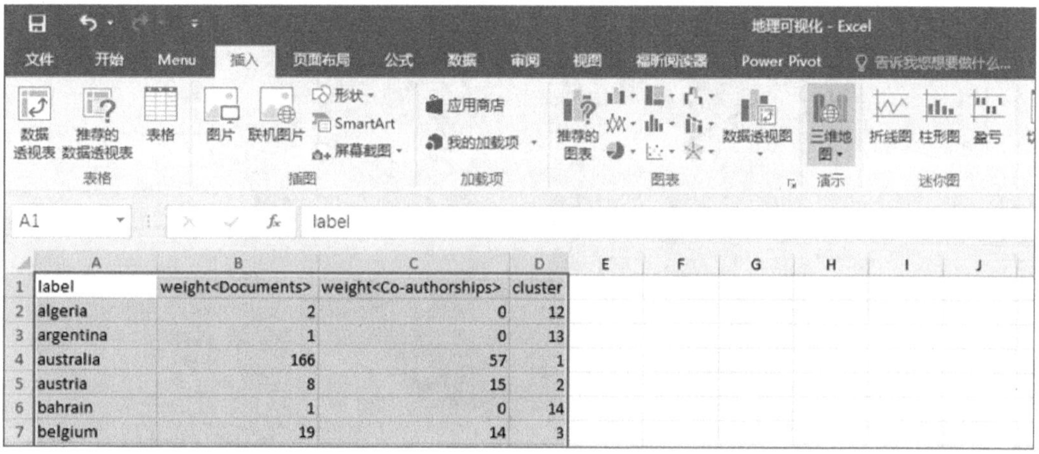

| | A | B | C | D |
|---|---|---|---|---|
| 1 | label | weight<Documents> | weight<Co-authorships> | cluster |
| 2 | algeria | 2 | 0 | 12 |
| 3 | argentina | 1 | 0 | 13 |
| 4 | australia | 166 | 57 | 1 |
| 5 | austria | 8 | 15 | 2 |
| 6 | bahrain | 1 | 0 | 14 |
| 7 | belgium | 19 | 14 | 3 |

图4.34　选择要分析的数据

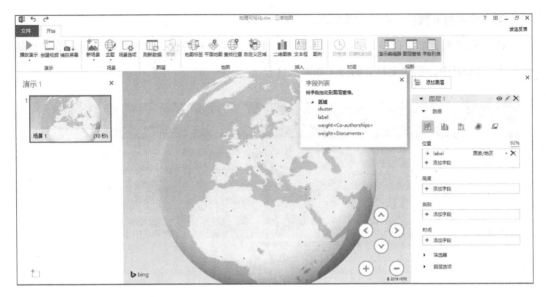

图 4.35　数据的初步读取

软件会自动识别地理位置并出现可视化界面。这时可以在右侧的位置、高度以及类别等选项中选择图形的显示情况。例如，在高度类别中选择 weight <Documents>，即地图上的点显示成柱形图，高度代表了某个国家/地区的发文量。类别选择 cluster，代表了在原始合作网络中的聚类（如图 4.36）。在图层选项中可以调整柱形图的显示高度和厚度等属性，使得可视化结果更加理想。最后，可以使用截图工具来保存分析的结果（如图 4.37）。如果想了解地图上某一位置的详细信息，在地图上单击具体的位置即可（如图 4.38）。

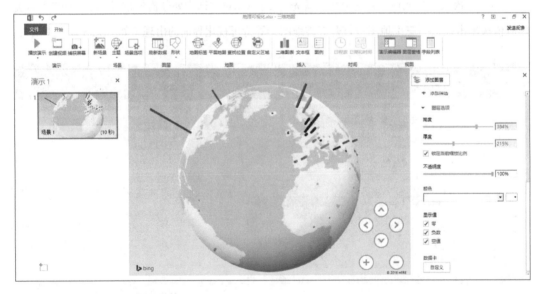

图 4.36　数据的可视化调整

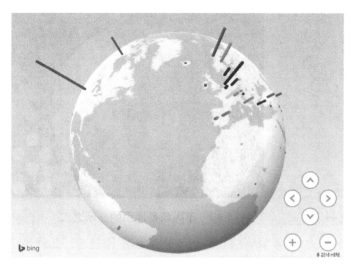

图4.37 可视化结果的保存

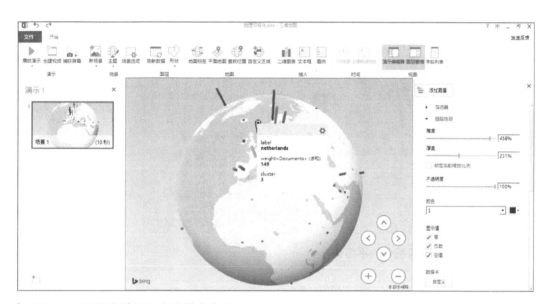

图4.38 可视化地图上查询某点信息

此外，还可以选择不同的场景和主题来显示数据（如图4.39和图4.40）。

若需要平面化的地图，在快捷菜单栏中单击"平面地图"即可实现图形的平面化（如图4.41）。需要注意的是，若在分析中遇到地理位置没有匹配的情况，则需要手动对数据进行更正处理。

最后，还可以创建自定义的地图。单击快捷菜单栏的新场景→新建自定义地图，就会得到一个平置的场景画板，原来的数据点会根据城市的相对位置来进行分布（如图4.42）。

此外还可以在分析的时候保留VOSviewer计算的节点之间的相对坐标（显示$x$坐标和$y$坐标的列数据），然后按照相对坐标来确定这些点在自定义地图上的位置（如图4.43）。也可以进入旋转图形，通过图来显示数据（如图4.44）。

 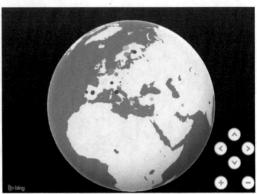

图 4.39　不同场景地图的显示之一　　　　图 4.40　不同场景地图的显示之二

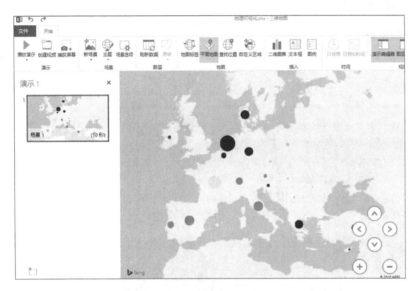

图 4.41　三维地理可视化的平面化

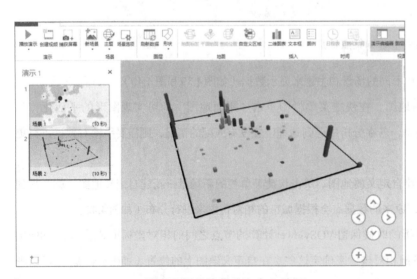

图 4.42　Excel 2016 地理可视化的新建自定义地图

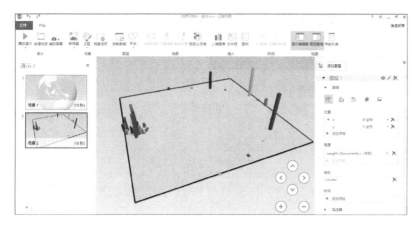

图4.43 按照VOSviewer软件计算得到的地理节点之间的相对位置

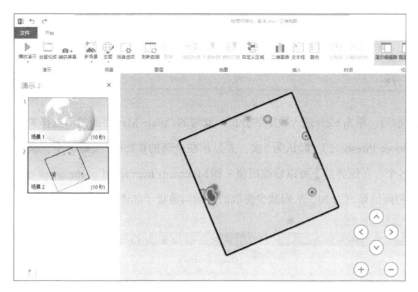

图4.44 数据的热力图显示结果

### 4.2.3 科技文献的关键词共现分析

科技文献关键词共现分析的基本步骤可以总结为Create→Create a map based on bibliographic data→Browse→Next→Type of analysis→Co-occurrence（All keywords、Author keywords和Keywords Plus）→Next。

科技文献关键词共现分析数据加载的步骤和其他数据的加载方法一样，当数据加载结束后进入Create map界面下，选择Co-occurrence即可进行关键词的共现分析。在引文数据库通常中有两种关键词，一种是Author keywords，即作者在撰写的论文中给出的关键词；一种是Keywords Plus，即扩展关键词，是数据库供应商根据论文的内容补充的关键词。例如在WoS的数据结构中，DE字段代表作者关键词，ID字段代表扩展关键词。在VOSviewer中提供了三种组合的关键词共现分析，在Unit of analysis中可以选择All keywords、Author keywords和

Keywords Plus。这里以 All keywords 为例进行分析，选择的结果如图 4.45。

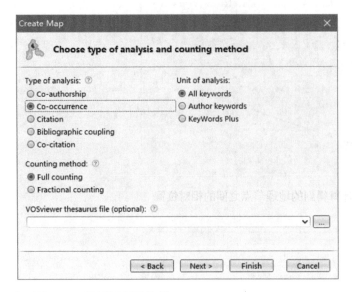

图 4.45 关键词共现分析

在选定好分析的参数后，单击 Next 进入数据的分析。此时的 Create Map 界面提示选择关键词出现频次的阈值（Choose threshold），默认为 5 次，并显示在全部的 6 758 个关键词中，满足设定阈值的关键词有 435 个。在该界面下可以修改阈值（即 Minimum number of occurrences of a keyword），例如，可以将阈值修改为 20，从而减少提取的关键词数量（如图 4.46）。

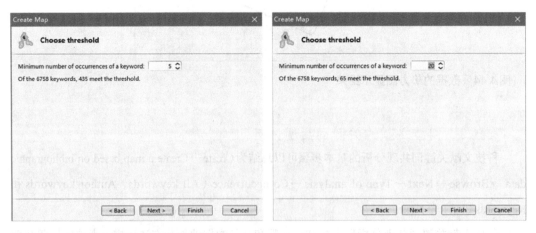

图 4.46 关键词共现分析的阈值选择

在阈值设定完成后，单击 Next，进入 Create Map 的 Choose number of keywords（选择要分析关键词的数量）界面，通过设定阈值得到最多可提取的关键词数量为 65 个，该界面可以进一步减少要提取的关键词的数量（如图 4.47）。此处不做任何修改，单击 Next，进入 Verify selected keywords，得到初步的关键词分析列表。再单击 Finish，即可得到关键词共现分析的可视化网络（如图 4.48）。

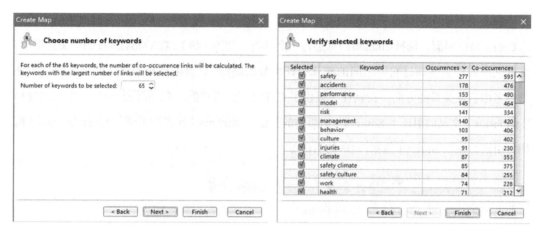

图4.47 关键词共现分析的初步结果

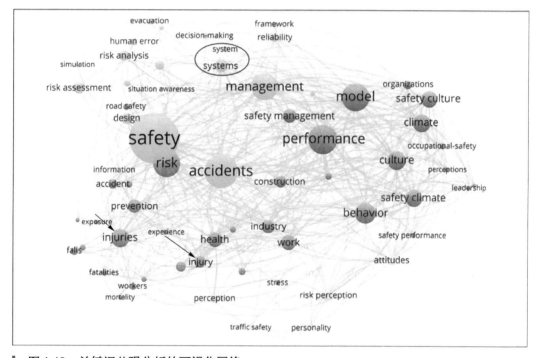

图4.48 关键词共现分析的可视化网络

在关键词共现网络中，有一些单复数的词汇，软件并没有进行自动处理（如图4.48中的system和systems、injury和injuries）。出现该问题的话，需要在初步分析的基础上建立词集来进行合并处理。

### 4.2.4 科技文献的引证分析

科技文献引证分析的基本步骤可以总结为Create→Create a map based on bibliographic data→Browse→Next→Type of analysis→Citation（Documents、Sources、Authors、Organizations或者Countries）→Next。

下面对科技文献引证分析进行操作演示：

科技文献引文网络分析数据加载步骤和其他数据的加载方法一样，当数据加载结束后进入 Create Map 界面，选择 Citation 即可进行引文分析（如图4.49）。在 VOSviewer 的引文分析中，文献之间的相关性通过它们之间的相互引证次数来决定[①]。目前这种引证的测度在网络中还没有考虑引证关系的方向。在软件中提供了五种引证分析功能，在 Unit of analysis 中可以选择 Documents（文献的引证）、Sources（出版物的引证）、Authors（作者的引证）、Organizations（机构的引证）和 Countries（国家/地区的引证）。

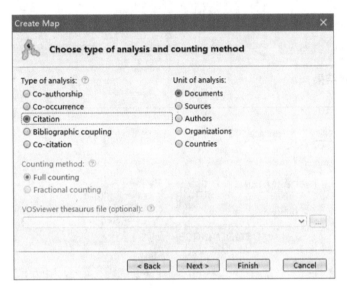

图4.49　文献引证分析功能

在选定好分析的参数后，单击 Next 进入数据的分析（如图4.50）。此时的 Create Map 界面提示选择要分析文献的数量（Choose number of documents），默认为500篇，并显示可以用于分

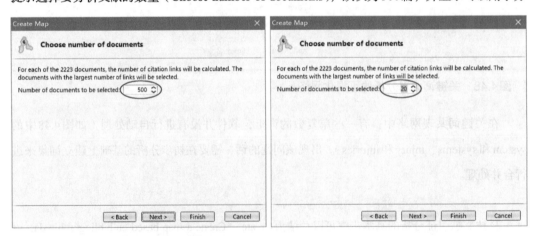

图4.50　文献引文的待分析文献设定

---

[①] Šubelj L, van Eck N J, Waltman L. Clustering scientific publications based on citation relations: A systematic comparison of different methods. *PLOS ONE*, 2016, 11(4).

析的文献数量为 2 223 篇。为了展示和分析上的方便，这里将要分析的文献数量修改为 20（即 Number of documents to be selected=20），然后单击 Next。

此时会进入初步的文献引证结果页面，该页面显示了从 2 223 篇文献中提取的 20 条待分析记录，以及这些文献在由这 20 篇论文组成的引证网络中的引证强度（如图 4.51）。

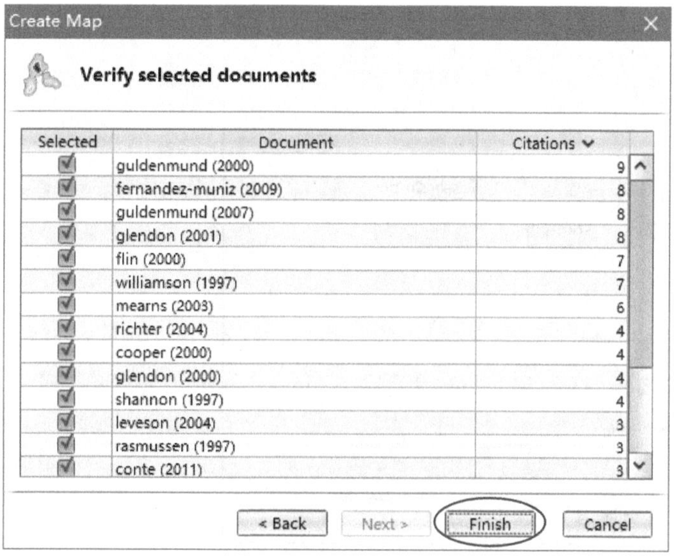

图 4.51 文献引证分析的初步结果

在引证分析的初步结果界面上，单击 Finish 即可完成引证网络的可视化，如图 4.52。在引证分析的可视化结果中，节点的颜色同样表示的是聚类分布，节点的大小表示的是引证关系的数量。例如，图中 guldenmund（2000）的引证数量（Citations）为 9，那么则表示该论文在网络中的总权重为 9。

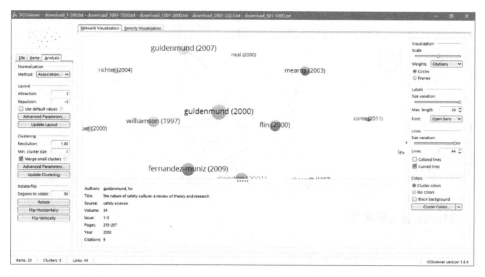

图 4.52 文献引证分析的可视化网络

按照类似的步骤完成作者（如图4.53）、机构（如图4.54）和国家/地区（如图4.55）的引证网络。需要特别注意的是，在作者、机构和国家/地区的引证分析中，节点大小默认按照发文量来显示，可以在可视化界面右侧的Weights处修改为按照Citations来显示大小。这里使用的案例仅仅包含一个期刊的数据，因此不能进行期刊之间的引证分析。

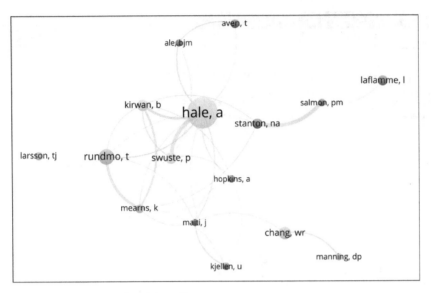

图4.53　作者的引证分析网络

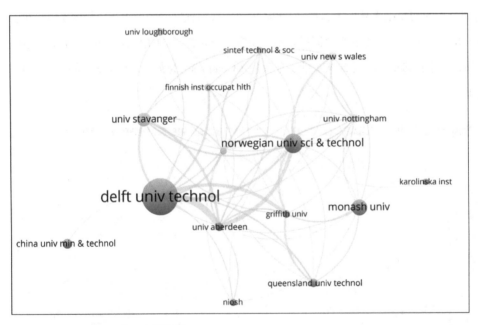

图4.54　机构的引证分析网络

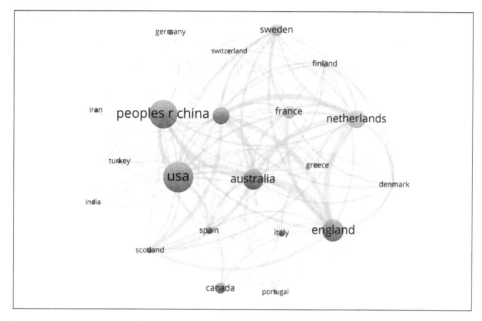

图 4.55　国家/地区的引证分析网络

## 4.2.5　科技文献的共被引分析

科技文献共被引分析的基本步骤可以总结为 Create→Create a map based on bibliographic data→Browse→Next→Type of analysis→Co-citation，Unit of analysis（分析的知识单元）可以选择 Cited references、Cited sources 和 Cited authors（first author only）→Next。

当数据加载后需要在分析功能界面选择 Co-citation 来切换到文献共被引分析界面（如图 4.56）。这里使用与耦合分析相同的数据集对文献的共被引进行分析，可以直接呈现出版物和作者的共被引分析结果。

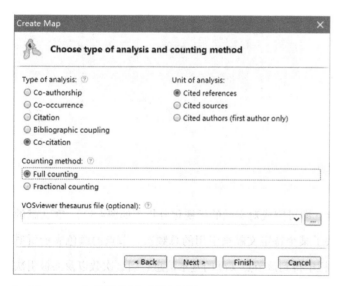

图 4.56　文献的共被引分析界面

按照前面的步骤，加载好数据，选定文献的共被引功能后，单击Next。此时会得到如图4.57的Create Map界面，默认以引证次数为20进行数据筛选（Minimum number of citations of a cited reference=20）。从47 218个参考文献中，萃取出满足阈值的80条文献。笔者认为在该阈值下的文献量太少，可将阈值调整为10。在此条件下得到了285条满足条件的结果，单击Next进入下一步分析。

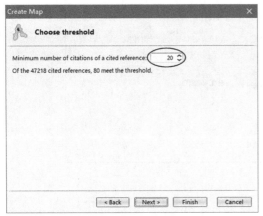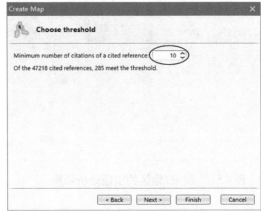

图4.57　数据萃取阈值的设定

此时得到了文献共被引分析的初步结果（如图4.58），该结果列表中显示被引的文献信息、该文献被引的次数以及共被引的总频次（Co-citations）。

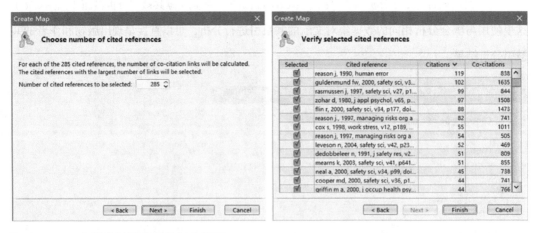

图4.58　文献共被引分析的初步结果

单击Next，经过一定时间的计算，即可完成对文献的可视化分析（如图4.59）。在文献的共被引分析网络中，节点的大小反映了某个特定文献被引用的总频次，节点的颜色表示所属的聚类。单击某个节点后可以在信息栏中得到该节点文献的基本信息、引证次数以及共被引次数。当然，如果图形不够美观还可以进一步美化。保存后的文献共被引可视化结果参见图4.60。

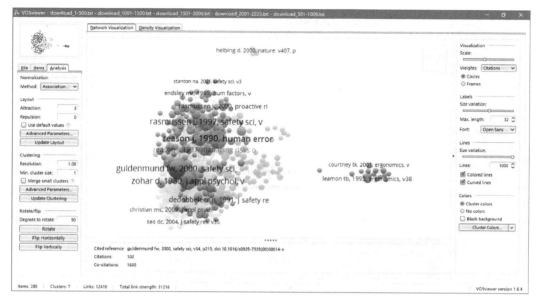

图 4.59　文献共被引分析的可视化结果

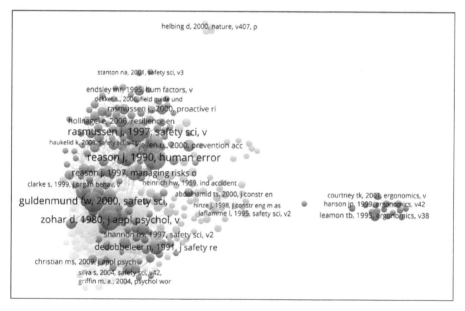

图 4.60　保存后的文献共被引分析的可视化结果（α=3，β=0）

图 4.61 和图 4.62 分别是出版物的共被引分析和作者的共被引分析。

最后，还需要特别注意的是：在共被引分析的网络中，节点的大小默认根据引证的次数（Citations）来显示，即被引的次数越高，节点也就越大。此外，还可以使用共被引次数（Co-citations）来显示节点的大小。

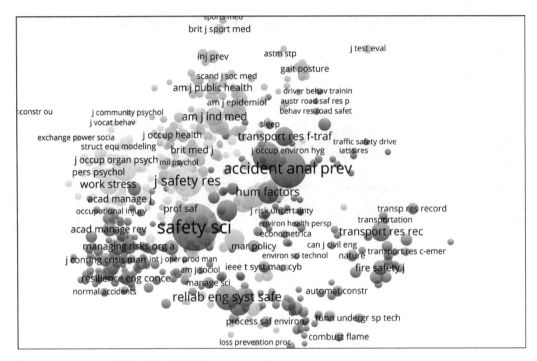

图4.61　出版物的共被引分析（$\alpha=2$，$\beta=1$）

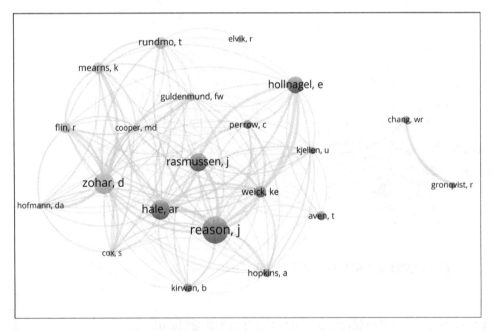

图4.62　作者的共被引分析（$\alpha=5$，$\beta=-3$）

## 4.3 科技文献主题的可视化分析

第一步：进入科技文献的主题挖掘功能区。

在打开VOSviewer软件以后，在界面中单击Create，然后在Create Map界面中选中Create a map based on text data，并单击Next进入文本的加载界面（如图4.63）。

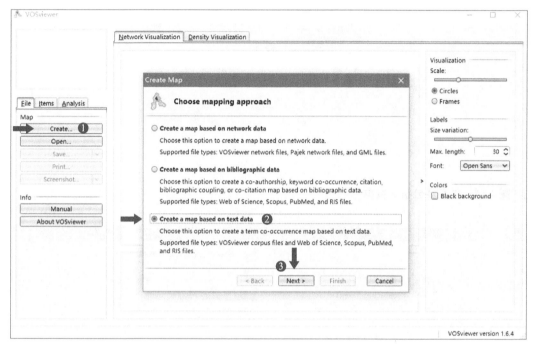

图4.63 准备进入主题挖掘功能区

第二步：加载和分析数据。

进入数据加载界面以后，需要单击WoS功能区；单击数据加载框中的数据加载功能，并在选中要加载的数据后单击OK（如图4.64）。

加载成功后的界面如图4.65①，显示数据已经加载到数据框内。然后单击Next得到图4.65②，该界面显示了将要提取的主题单元并提供主题的位置，分别为Title and abstract fields、Title field和Abstract field。进一步单击Next开始数据的读取分析步骤，该步骤会花费一定的时间，如图4.65③。等待数据加载结束后，进入计数方法的选择，如图4.65④，通常此步骤会按照默认的选项，单击Next进入数据的分析。

数据分析和读取结束后，会进入Choose threshold界面（如图4.66①）。该界面呈现软件按照给定阈值自动计算而获得的主题数量，如这里提取主题的阈值为10，显示一共从37 136个主题中得到满足该阈值的主题962个。单击Next后进入Choose number of terms界面。该功能界面提示在上一步得到的962个主题词的基础上，会进行主题的相关得分计算。按照主题的相关得分，最为相关的主题将被选择和提取出来。因而，软件默认提取了最为相关的60%的主题，这

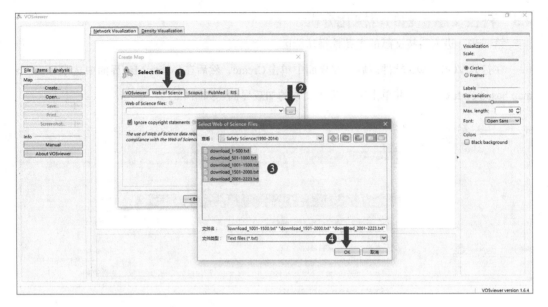

图4.64　加载要分析的数据

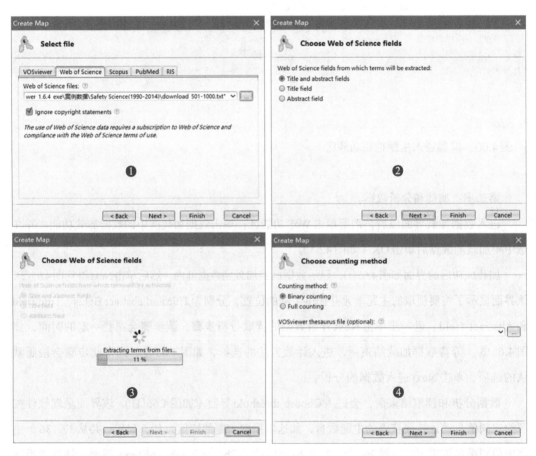

图4.65　数据的读取和分析

图4.66 数据的初步分析结果

里提取了577个主题（962×60%=577.2），如图4.66②。

单击Next进入主题的计算界面（如图4.66③），待计算结束后进入Verify selected terms界面（如图4.66④），得到一个主题列表。在主题列表界面中分别得到主题（Term）、出现频次（Occurrence）以及相关性（Relevance），在该界面中右击该列表的区域可以得到一个导出该列表内容的信息框。

第三步：数据的可视化展示。

最后，在Verify selected terms中单击Finish即可得到主题的可视化结果（如图4.67）。在主题的可视化结果页面中，主题的不同颜色代表了主题所属的不同类别，主题标签的大小代表了主题的出现频次，主题之间的距离代表了主题相似性，即距离越近，则主题越相似。

默认视图下，图谱的分析结果不显示主题之间关联强度的连线。如果需要显示这些连线可以对该视图C区中的Lines进行调整，手动调整可以输入任意整数，若单击软件的自动调整功能，那么每次会增加或者减少100个连线。在C区中默认的主题节点大小使用的是出现频次（Occurrences），也可以选择根据Co-occurrences来显示节点的大小。

特别地，在主题分析视图下VOSviewer增加了主题的时间和影响力分析。在C区Colors

中选择Score colors，此时图形中的节点自动变为以时间为依据的颜色分布（即Score=Avg.pub. year）。此外，在Colors的Scores中也可以选择Avg. cite. impact，显示主题的平均影响。在主题的平均时间分布图中，一个主题的颜色越接近红色，那么该主题的关注越接近现在（如图4.68）；在主题的影响分布图中，主题的颜色越接近红色，那么该主题的影响就越大（如图4.69）。

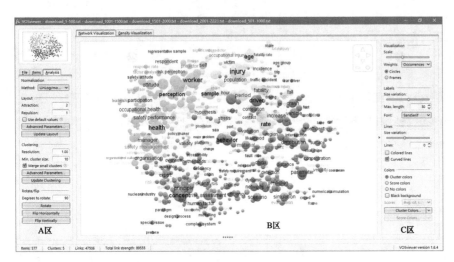

图4.67　主题聚类的可视化分析结果

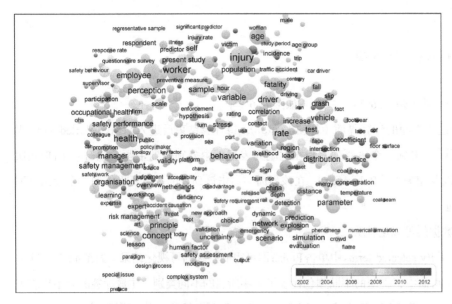

图4.68　主题平均时间的可视化

在主题分析结束后，单击A区的Save→Save map，将结果保存为CSV格式。

得到该CSV文件后，可以使用Excel打开主题分析的结果，用Excel进行分析（如图4.70）。例如使用筛选功能，可以得到各类中的高频主题列表，直接用到科研论文或者报告中。表格的首行定义了数据的属性：id表示记录的编号；label表示记录在可视化界面的显示信息，也可以增加sublabel作为新列；description为记录在信息栏中显示的信息，通常显示某个记录的完整信息，也可以添加新列URL，设定某一记录的链接地址；$x$和$y$分别为元素在二维空间的坐标；weight为某条记录的权重，可以为频次，也可以为共现总次数等；score为某个记录的得分，该得分可自定义为某条记录的平均时间和影响等；cluster为某个记录所属的聚类编号，相同的聚类用相同的编号表示。

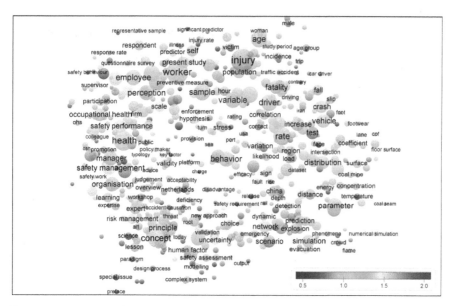

图4.69　主题影响分析的可视化

图4.70　使用Excel打开的VOSviewer主题分析结果

## 4.4 科技文献信息的叠加分析

### 4.4.1 领域叠加结果的辅助可视化

在进行领域的叠加分析中，VOSviewer起到的作用是对叠加分析结果的可视化。因此，必须通过叠加分析的前处理得到可以用VOSviewer进行可视化的分析结果。这里的前处理分析结果需要用到莱兹多夫开发的领域叠加分析工具。

第一步：工具准备。

首先，需要登录莱兹多夫个人网页的*Software; data*页面：A user-friendly method for generating overlay maps（*2012 update*），下载并准备相应的工具包（如图4.71）。下载地址：http://www.leydesdorff.net/overlaytoolkit/index.htm。

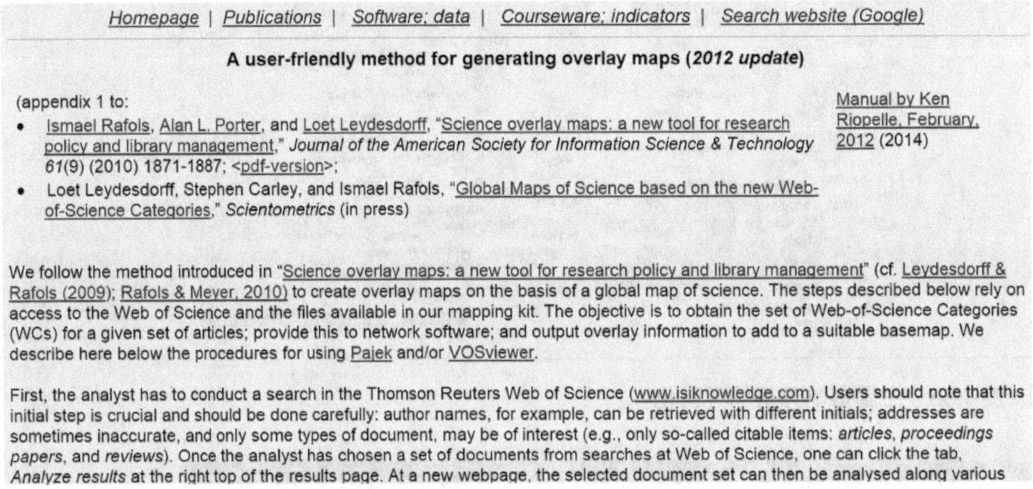

Homepage | Publications | Software; data | Courseware; indicators | Search website (Google)

**A user-friendly method for generating overlay maps (*2012 update*)**

(appendix 1 to:

- Ismael Rafols, Alan L. Porter, and Loet Leydesdorff, "Science overlay maps: a new tool for research policy and library management," *Journal of the American Society for Information Science & Technology 61*(9) (2010) 1871-1887; <pdf-version>;
- Loet Leydesdorff, Stephen Carley, and Ismael Rafols, "Global Maps of Science based on the new Web-of-Science Categories," *Scientometrics* (in press)

Manual by Ken Riopelle, February, 2012 (2014)

We follow the method introduced in "Science overlay maps: a new tool for research policy and library management" (cf. Leydesdorff & Rafols (2009); Rafols & Meyer, 2010) to create overlay maps on the basis of a global map of science. The steps described below rely on access to the Web of Science and the files available in our mapping kit. The objective is to obtain the set of Web-of-Science Categories (WCs) for a given set of articles; provide this to network software; and output overlay information to add to a suitable basemap. We describe here below the procedures for using Pajek and/or VOSviewer.

First, the analyst has to conduct a search in the Thomson Reuters Web of Science (www.isiknowledge.com). Users should note that this initial step is crucial and should be done carefully: author names, for example, can be retrieved with different initials; addresses are sometimes inaccurate, and only some types of document, may be of interest (e.g., only so-called citable items: *articles, proceedings papers*, and *reviews*). Once the analyst has chosen a set of documents from searches at Web of Science, one can click the tab, *Analyze results* at the right top of the results page. At a new webpage, the selected document set can then be analysed along various

图4.71　领域叠加分析原理及工具包主页

在该页面中下载WC10.exe用于数据的分析。若要使用Pajek进行可视化，还需要下载map10.paj和Colour_Settings.ini文件。

第二步：数据准备。

这里以大数据的领域数据的叠加分析为例：在WoS核心库下，使用主题检索2010—2015年关于big data研究的文献数据，得到如图4.72的主题论文检索结果。

单击结果页面中的≡分析检索结果，进入数据的描述性统计分析页面（如图4.73）。在"根据此字段排列记录"选择Web of Science类别，设置显示选项为"显示前500个分析结果"。最少记录数（阈值）为0，在"将分析数据保存到文件"区域选择"所有数据行（最多200,000）"。设置结束后，单击"将分析数据保存到文件"，保存big data相关数据到工具包所在的文件夹即可。特别需要注意的是，软件在读取领域信息时，默认的数据文件的名称为analyze，不能修改为其他的名称（如图4.74）。

图 4.72 大数据相关的主题论文检索结果

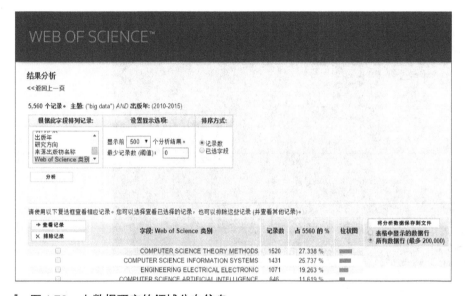

图 4.73 大数据研究的领域分布信息

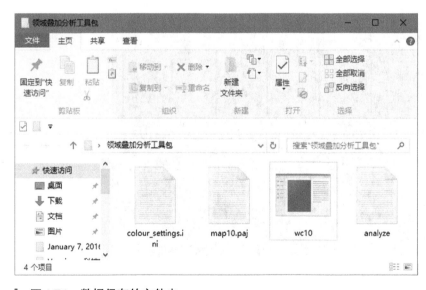

图 4.74 数据保存的文件夹

第三步：数据分析。

软件和数据都准备完毕后，可以对数据进行分析。双击WC10.exe程序，并按照提示单击任意键继续（如图4.75），进入数据的处理过程（如图4.76），处理完毕后，软件会自动退出。此时在原来的软件文件夹中生成了大量的其他结果文件，其中vos4、vos6和vos19可以使用VOSviewer打开并进行可视化分析（如图4.77）。这里的CSV文件夹的命名含义是按照不同的聚类分辨率，将得到的领域图结果划分为4类、6类或者19类。想要获取全科学领域的底图可以在该网页上下载basemaps.ppt。

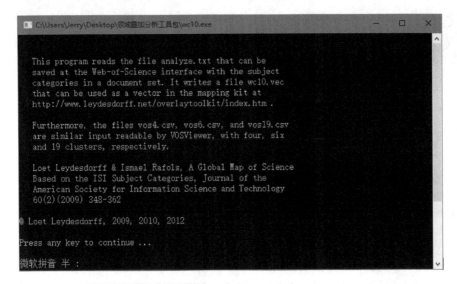

图4.75 软件提示按任意键继续

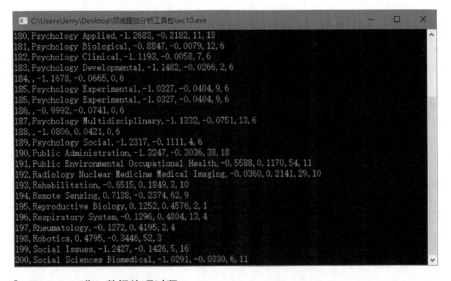

图4.76 进入数据处理过程

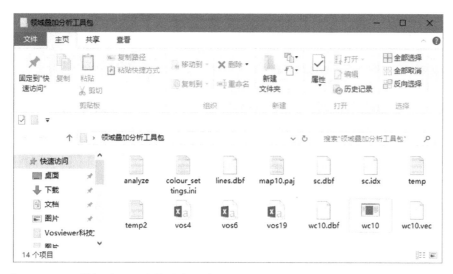

图4.77 数据处理后的软件文件夹

第四步:数据可视化。

打开VOSviewer软件,单击Open,加载VOS map file(required),选择CSV文件(这里以可视化VOS6为例),如图4.78。单击OK即可得到可视化结果,如图4.79。

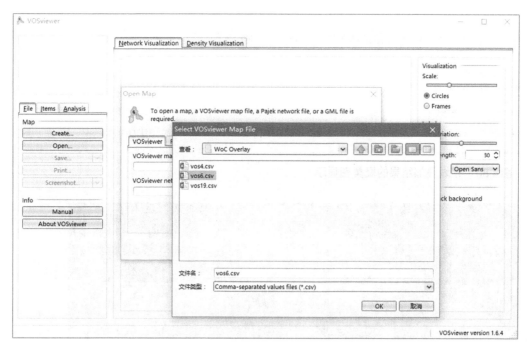

图4.78 使用VOSviewer加载结果文件

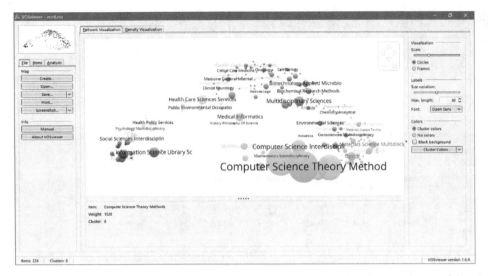

图4.79 领域叠加结果的可视化

在得到可视化结果以后,可以选择不同的可视化呈现方式(如图4.80、图4.81),并保存结果。

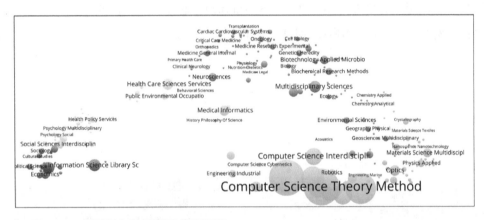

图4.80 领域叠加结果的聚类图显示

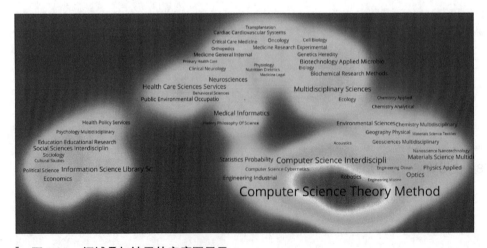

图4.81 领域叠加结果的密度图显示

关于领域叠加更为详细的指南，参见文献How to create an overlay map of science using the Web of Science，http://www.leydesdorff.net/overlaytoolkit/manual.riopelle.pdf。

如果需要计算不同数据集的多样性分布情况，可以在Rao-Stirling diversity工具的页面下载。下载地址：http://www.leydesdorff.net/overlaytoolkit/stirling.htm。

这里的Rao-Stirling diversity指的是测度多样性的方法，具体计算如下：

$$\triangle = \sum_{ij} p_i p_j d_{ij}。$$

$d_{ij}$为分类$i$和$j$之间的距离，$p_i$指元素在$i$分类下的比例，$\triangle \in [0,1]$。

例如，下载并保存cos10.dbf和divers10.exe到上面的结果文件夹，双击运行divers10.exe，会在窗口处出现计算结果的信息，如图4.82。

图4.82　Rao-Stirling diversity的计算结果

### 4.4.2　期刊叠加结果的辅助可视化

期刊的叠加分析也是莱兹多夫开发的分析工具之一，其结果的可视化可以借助VOSviewer来展示。期刊叠加的任务是将等待分析的数据集，叠加到现有的全科学期刊图上（如图4.83）。

第一步：工具准备。

登录http://www.leydesdorff.net/journals12/（如图4.84），在b. Using downloaded sets中单击下面链接分别下载期刊的叠加分析工具包。

施引文献信息提取工具：http://www.leydesdorff.net/journals12/citing.exe。

被引文献信息提取工具：http://www.leydesdorff.net/journals12/crciting.exe。

辅助数据库：http://www.leydesdorff.net/journals12/citing.dbf。

软件包提供施引期刊和被引期刊分析两个模块，需分别保存。两个工具包的辅助分析文件都为citing.dbf，工具包的文件夹样式如图4.85。

第二步：数据准备。

这里以2015年发表在《科学计量学》（*Scientometrics*）上的论文为例进行分析。数据采集

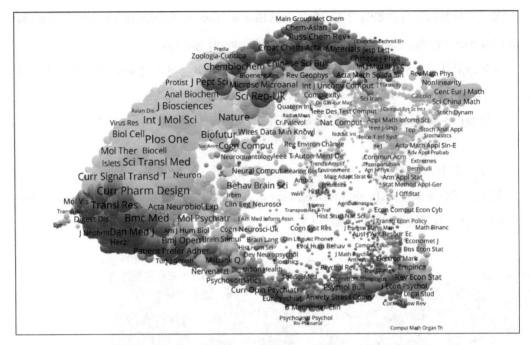

图4.83　JCR 2012中由期刊引证关系建立的包含10 546个期刊的聚类图

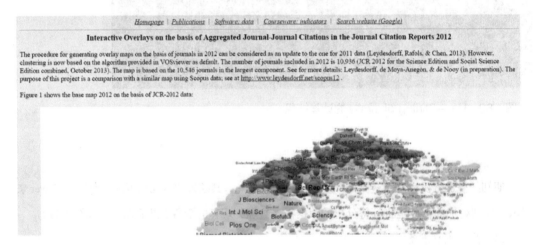

图4.84　期刊叠加工具包下载主页

图4.85　软件准备结束

方法与2.2 WoS数据的获取步骤一致，最后得到2015年在《科学计量学》(*Scientometrics*)发表的365条文献题录数据（包含参考文献的数据），如图4.86。

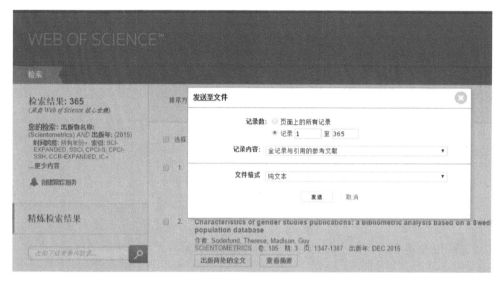

图4.86 数据的获取

数据下载后需要将数据的TXT文件命名为data.txt，软件才能直接读取并分析数据。分别将下载的数据保存在施引期刊的叠加分析和被引期刊的叠加分析文件夹中。

第三步：数据分析及可视化。

下面以施引文献的叠加分析为例，在文件夹中双击citing.exe，单击任意键继续。

单击任意键后，软件开始对数据进行处理，见图4.87。处理结束后，文件夹中会产生大量的结果文件，在这些文件中citing.txt是施引文献叠加的分析结果文件，该文件是VOSviewer的Map文件，可以使用VOSviewer打开并进行可视化。得到的可视化结果显示仅有1个期刊被叠

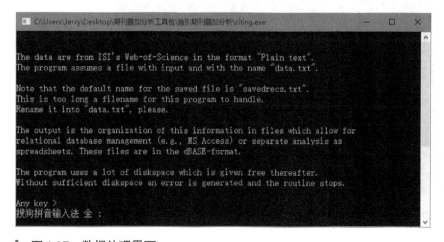

图4.87 数据处理界面

加在期刊全图上（如图4.88），原因是采集的数据仅来自《科学计量学》（*Scientometrics*），因此施引文献信息显示仅有1个期刊。

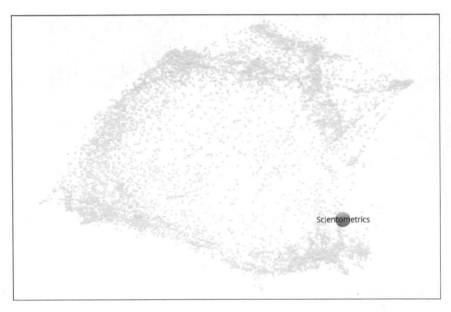

图4.88　施引期刊叠加的分析结果

按照同样的步骤，可以得到2015年《科学计量学》（*Scientometrics*）引用期刊的叠加图结果。具体步骤还是运行crciting.exe，并按照提示单击任意键，直到出现Rao-Stirling diversity的计算结果（如图4.89）。然后，单击任意键退出即可。

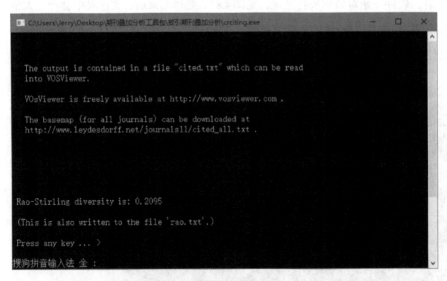

图4.89　Rao-Stirling diversity的计算结果

使用VOSviewer来可视化citing.txt文件,即可得到被引期刊叠加的分析结果,如图4.90和图4.91。

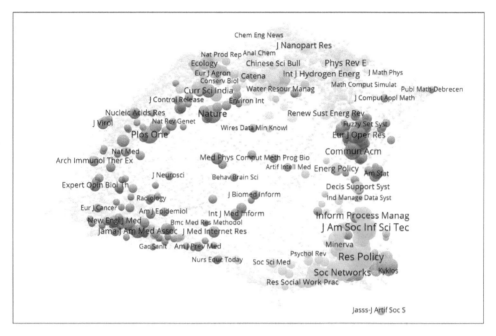

图4.90　被引期刊的叠加分析聚类图结果

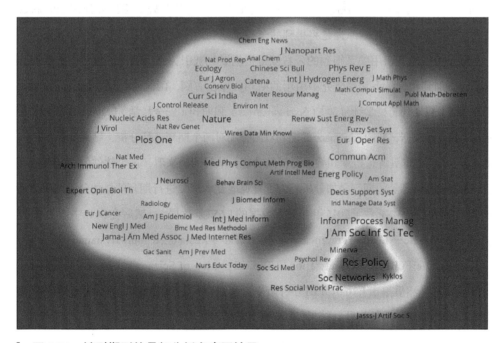

图4.91　被引期刊的叠加分析密度图结果

按照类似的思路，莱兹多夫等人使用Scopus数据进行了19 600种期刊的叠加分析（如图4.92）。

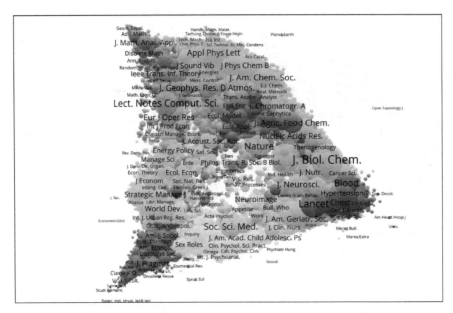

图4.92　1996—2012年Scopus19 600种期刊的叠加分析图[①]

在期刊的叠加分析基础上，陈超美和莱兹多夫在前期研究的基础上提出并使用CiteSpace实现了期刊双图叠加分析。基本原理是将得到的全科学期刊地图分为两个部分，并排列到一个窗口中，左侧是根据期刊引用关系得到的，右侧是根据期刊被引关系得到的。然后，将发表某项研究的期刊叠加到左侧，将某项研究中引用的期刊叠加在右侧，两侧的期刊通过引证关系相连。例如，分别下载期刊《科学计量学》（*Scientometrics*）和期刊《安全科学》（*Safety Science*）上2013—2014年的文献数据，使用CiteSpace的期刊双图叠加对两个期刊进行分析，结果如图4.93。

除此之外，SCI2[②]也具备进行期刊叠加分析的功能，从时间上来看，这个软件的期刊叠加分析要早于莱兹多夫和陈超美的期刊叠加分析。为了直观地展示SCI2进行期刊的叠加分析结果，笔者从WoS的SCI-E和SSCI中下载了2015年有关大数据的1 652条数据[③]。然后在SCI2中对数据进行分析，依次单击File→Load→Preprocessing→Topical→Reconciled Journals names（Journals column→Journal title[Full]）→Visualization→Topical→Map of Science via Journals，得到一个可视化结果窗口，然后单击Export导出分析结果。也可以单击保存SCI2主界面右侧的 文件，并使用Adobe Acrobat软件打开，结果如图4.94。

---

① 参见http://www.leydesdorff.net/scopus_ovl/index.htm，2016-3-1。
② SCI2软件下载地址：https://sci2.cns.iu.edu/user/welcome.php，2016-3-2。
③ 使用SCI2分析新版的WoS数据时，需将首行FN Thomson Reuters Web of Science?改为FN ISI Thomson Reuters Web of Knowledge，并将.txt的后缀名改为.isi。

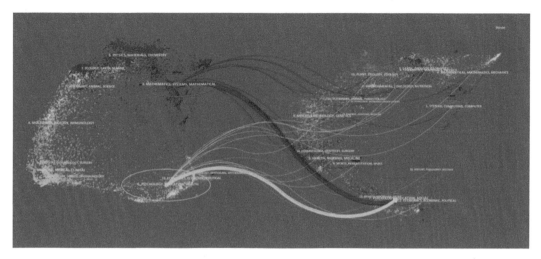

图 4.93 《科学计量学》(*Scientometrics*) 和《安全科学》(*Safety Science*) 期刊论文叠加分析的比较

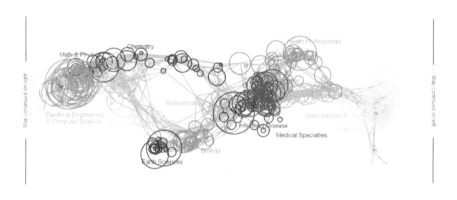

图 4.94 2015 年大数据的期刊叠加分析

## 4.5 VOSviewer 对会议论文的主题挖掘

本部分以北京理工大学举办的国际安全科学技术会议[①]为案例进行分析。

第一步：数据检索和下载。

登录到 WoS 数据库中，选择会议论文数据库。以会议名称 International Symposium on

---

① 国际安全科学技术会议网址：http://www.issst.com.cn/，2016-3-1。

Safety Science and Technology 检索，出版年设置为1998—2012，如图4.95。最后整理得到的数据年度分布情况，如表4.1。

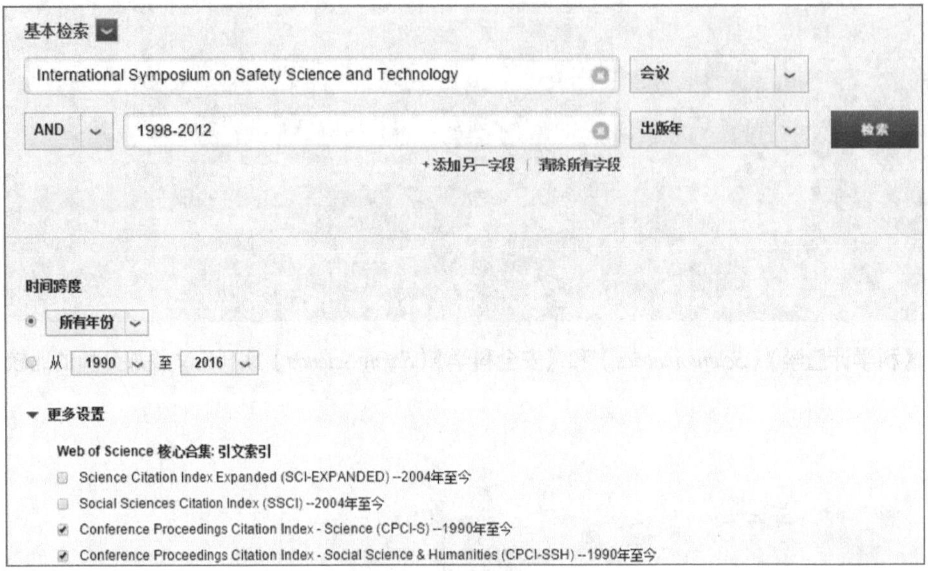

**图4.95  检索条件设置**

**表4.1  国际安全科学技术会议基本情况**

| 会议时间 | 会议地点 | 论文集页数 | 论文量 |
| --- | --- | --- | --- |
| 2012（第8届） | 南京 | 1 038 | 167 |
| 2010（第7届） | 杭州 | 2 623 | 415 |
| 2008（第6届） | 北京 | 2 560 | 492 |
| 2006（第5届） | 长沙 | 2 570 | 523 |
| 2004（第4届） | 上海 | 3 085 | 549 |
| 2002（第3届） | 泰安 | 1 570 | 300 |
| 2000（第2届） | 北京 | 1 044 | 175 |
| 1998（第1届） | 北京 | 1 028 | 160 |

按照2.2 WoS数据获取的步骤下载并保存数据。

第二步：数据分析。

下载得到国际安全科学技术会议论文的数据后，打开VOSviewer。按照步骤Create→Create a map based on text corpus→Next，加载Web of Science数据后选择Title and abstract fields→Next→Next→Finish，得到国际安全科学技术会议论文的主题聚类图4.96和主题密度图4.97。导出主题分析结果为CSV格式，并使用Excel提取各类中排名前20的主题，列于表4.2。

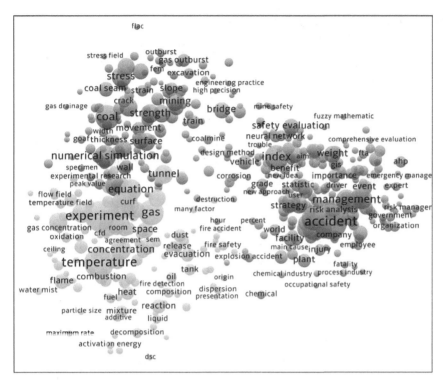

图4.96 国际安全科学技术会议论文的主题聚类图

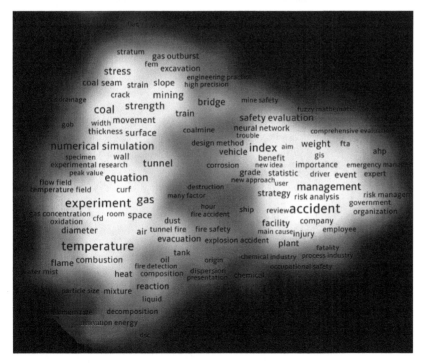

图4.97 国际安全科学技术会议论文的主题密度图

表4.2 国际安全科学技术会议主题聚类的详细类别

| 聚类1 安全管理和事故 | | 聚类2 火灾与爆炸 | | 聚类3 煤矿安全 | |
|---|---|---|---|---|---|
| 主题 | 权重 | 主题 | 权重 | 主题 | 权重 |
| accident | 353 | temperature | 272 | coal | 173 |
| index | 173 | experiment | 271 | numerical simulation | 153 |
| risk | 172 | pressure | 199 | stress | 127 |
| person | 145 | gas | 196 | increase | 124 |
| management | 144 | equation | 142 | strength | 107 |
| safety management | 129 | concentration | 132 | surface | 102 |
| assessment | 109 | velocity | 117 | face | 100 |
| industry | 100 | tunnel | 111 | rock | 97 |
| cause | 98 | experimental study | 108 | load | 96 |
| probability | 93 | experimental result | 106 | mining | 90 |
| aspect | 90 | flow | 105 | zone | 86 |
| enterprise | 88 | water | 93 | bridge | 83 |
| weight | 86 | space | 83 | deformation | 81 |
| year | 85 | simulation result | 77 | formula | 78 |
| network | 81 | flame | 74 | coal seam | 68 |
| tool | 81 | air | 73 | depth | 68 |
| safety evaluation | 80 | size | 71 | vehicle | 64 |
| event | 66 | smoke | 71 | train | 57 |
| risk assessment | 66 | length | 68 | intensity | 56 |
| safety assessment | 63 | wave | 61 | slope | 56 |

# 第5讲　VOSviewer常用功能补充

## 5.1　图谱元素的编辑

在进行文献分析的时候，会遇到需要合并、替换或者删除一些项目的情况。如合作网络中常常会遇到相同作者但名字写法不同的情况；在主题网络中不仅一些主题词因为写法不同（如术语的简称和全称、术语的不同表达等）需要合并或者替换，也有一些无意义或者意义太宽泛的词汇需要删除。在VOSviewer文件夹中，有两个名称分别为thesaurus_authors.txt和thesaurus_terms.txt的文件（如图5.1），是对作者或者主题信息进行合并、替换或者删除的辅助文件。也可以自己建立新的文件夹，用来对相同的参考文献、期刊以及地址信息进行处理。

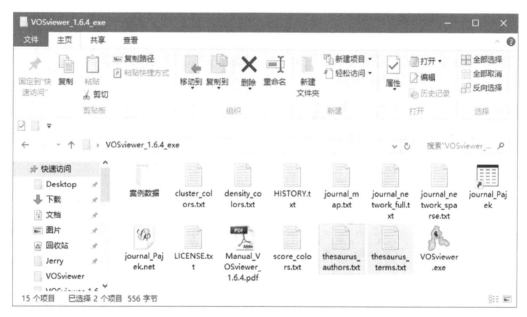

图5.1　VOSviewer图形项目的处理文件

打开案例文件后，得到的文件信息如图5.2。该文件共包含两列信息，其中一列为label，表示的是待替换、合并或者删除的项目；另一列是replace by，表示替换后的结果。当这里为空白时，表示删除待替换项目；当不为空白时，将替换成输入的项目（即进行替换和合并）。

特别需要注意的是，在建立自己的词集文件时，label和replace by之间是用Tab键连接，输入label后，在键盘上敲击Tab键来建立两个词汇之间的分割。

例如，在分析中得到了下面的可视化结果（如图5.3）。假设，需要将special issue删除，将worker、health、parameter、concept、injury分别修改为"工人""健康""参数""概念""伤害"。那么，可以建立如图5.4的词集文件。然后再按照之前的步骤进行主题可视化分析，并在Create

Map步骤中的VOSviewer thesaurus file（optional）中加载所建立的文件，如图5.5。再次分析得到的结果显示special issue已被删除，而相应的其他词汇也被成功替换，如图5.6。这样的替换、合并或者删除不仅适用于主题分析，也适用于文献耦合、共被引以及合作网络的分析。

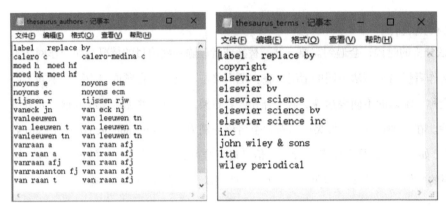

图5.2　词集文件的建立格式

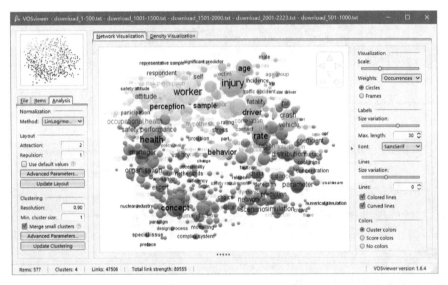

图5.3　案例数据的主题可视化结果

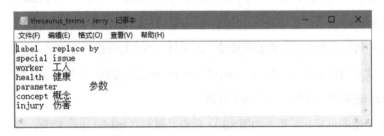

图5.4　词集文件

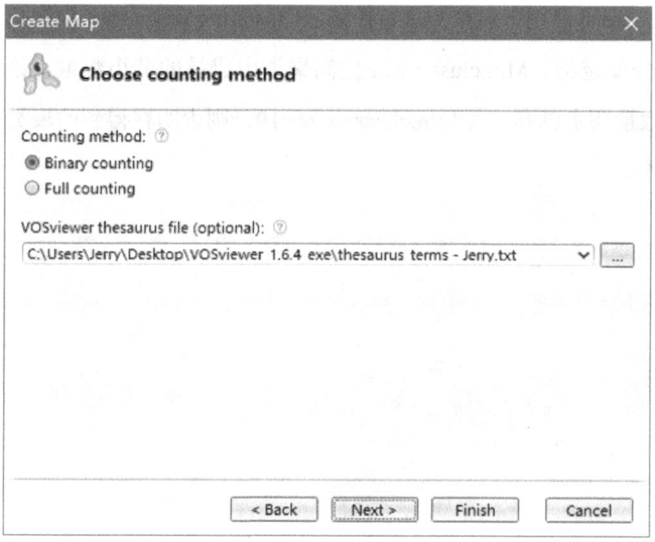

图 5.5　加载词集文件界面

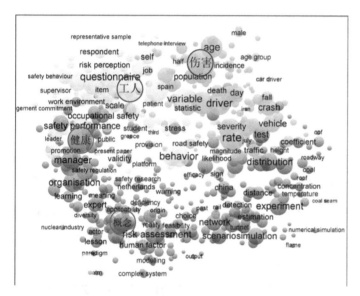

图 5.6　词集加载后的分析结果

## 5.2　算法和布局的调整

　　算法的调整主要是对标准化方法及其聚类算法的调整，当使用默认算法而图谱不理想时，该功能可以作为一种可视化辅助。在可视化结果界面（如图5.7），单击可视化参数设置区域Method，可以选择No normalization、Association strength、Fractionalization以及LinLog/modularity normalization。选择相应的标准化算法后，单击Update Layout来对可视化的布局进行重新运算。如果对得到的可视化布局依然不满意，还可以尝试修改可视化参数设置区的Advanced Parameters中的Mapping attraction和Mapping repulsion，这两个参数用来优化可视化的布局。参数Clustering Resolution和Min.cluster size可以用来对聚类进行控制。Clustering Resolution为聚类分辨率，该参数值越大，则聚类划分就越细。Min.cluster size控制聚类中成员的最小数量，该数值越大，则对聚类中成员的最小数量要求越高。如Min.cluster size=10，则表明在得到的聚类中，最小聚类的成员数量至少为10个。

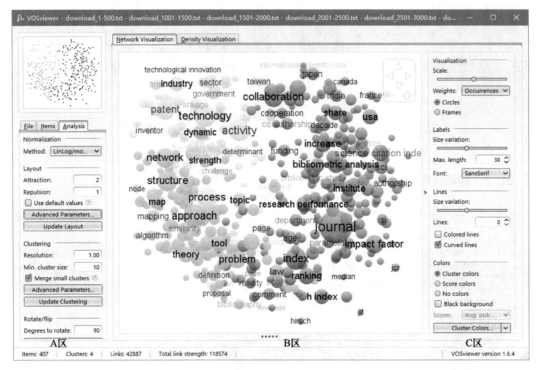

图5.7　布局方法和聚类算法的参数修改

在布局设置中，凡·艾克等曾进行不同参数的组合尝试，发现在进行分析时Mapping attraction和Mapping repulsion的最优参考参数分别为Attraction=2和Repulsion=1，在使用LinLog/modularity时选择为Attraction=1和Repulsion=0。

若对得到的聚类不满意，可以通过增加或者减少Clustering中的Resolution的数值来增加或者减少聚类的数量，通过调整Min. cluster size和Merge small clusters来合并小的聚类。

## 5.3　聚类和密度图颜色的调整

颜色的调整包括两种，分别为聚类图下的颜色设置和密度图下的颜色设置。颜色设置案例文件分别保存在VOSviewer文件的cluster colors.txt和density colors.txt中。默认的聚类视图如图5.8，主要颜色为红、蓝、绿和黄。在可视化结果的界面下，依次单击C区的Cluster colors→import，读取cluster_colors.txt文件，即可将聚类的颜色换成如图5.9的颜色。也可以自定义聚类颜色，并按照颜色文件读取步骤替换聚类颜色，如图5.10。

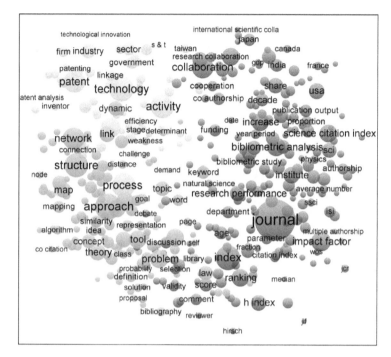

图5.8 软件默认的聚类图颜色

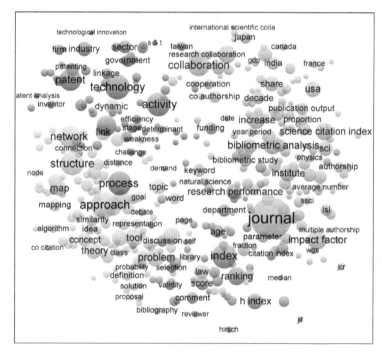

图5.9 软件自带的聚类图案例颜色

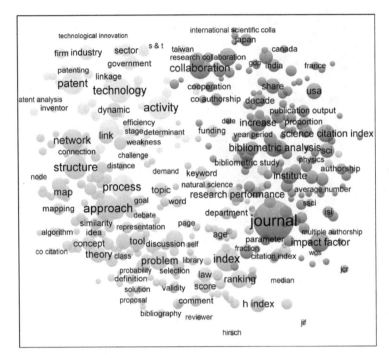

图5.10　自定义的聚类图颜色

在聚类视图下，单击B区的Density Visualization进入密度图的视图界面。默认的颜色如图5.11，从红色渐变为蓝色。颜色越红，代表项目所在的位置密度越大。此时在C区可以依次单击Density colors→import→density_colors.txt（如图5.12）来加载案例的密度图颜色，如图5.13。

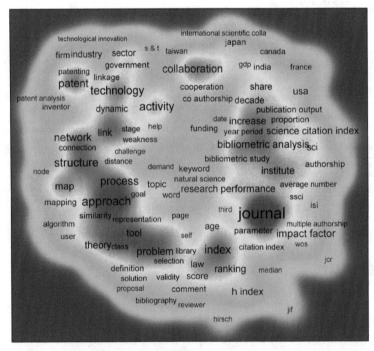

图5.11　软件默认的密度图颜色

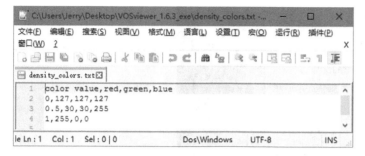

图 5.12　软件自带的密度图案例颜色

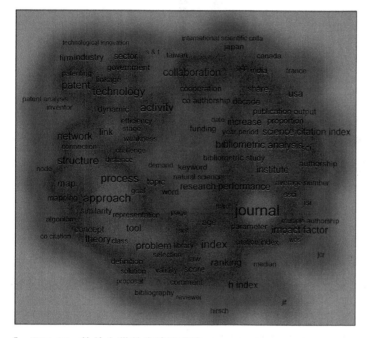

图 5.13　软体自带的密度图颜色

默认的颜色文件中的颜色代码是用逗号来进行分割的，颜色字符之间也可以使用 Tab 键来进行分割（如图 5.14），保存后加载该文件可以得到修改后的密度图（如图 5.15）。

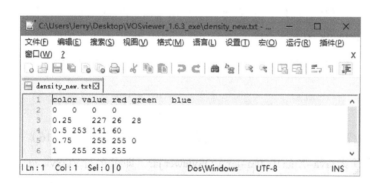

图 5.14　笔者自建的 VOSviewer 密度图颜色

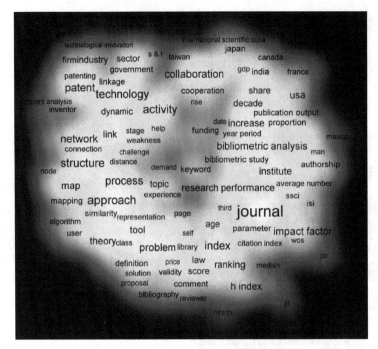

图5.15 自定义的密度图颜色

## 5.4 图谱结果的分享

VOSviewer提供了在线分享结果功能。在得到可视化结果以后,分别保存map.txt和network.txt文件,然后将两个文件保存在一个网络上。分享两个文件后,便可以分别获得两个链接。

map.txt分享链接示例:http://www.example.com/map.txt。

network.txt分享链接示例:http://www.example.com/network.txt。

笔者将得到的两个链接组合成下面的格式,并分享在网络上,读者可以通过单击链接下载结果文件,并直接使用VOSviewer进行浏览:

http://www.vosviewer.com/vosviewer.php?map=http://www.example.com/map.txt & network=http://www.example.com/network.txt。

## 5.5 软件使用内存的扩大

首先将VOSviewer. Jar文件放置于命令执行文件夹,此处为C:\User\Jerry Lee(如图5.16)。

在命令提示符(CMD)中输入java-Xmx1000m-jar VOSviewer.jar,即可运行VOSviewer.jar,其中Xmx 1000m是指用户想使用的内存大小为1 000MB(如图5.17)。这里可以对内存大小进行修改,例如,要使用2 000MB,输入的语句改为java-Xmx2000m-jar VOSviewer.jar即可。

▎图 5.16　VOSviewer.Jar 文件位置

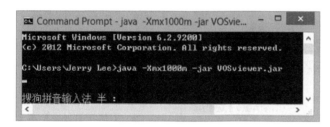

▎图 5.17　命令输入

## 5.6　网络文件的 Gephi 可视化和 Pajek 可视化

在 VOSviewer 中得到可视化结果后，可以将结果保存为 NET 文件。具体步骤为依次单击 Save→Save Network，保存的文件类型选择 Pajek network files。该文件可以直接使用 Gephi 软件打开并进行可视化处理。在使用 Gephi[①] 打开 VOSviewer 的网络文件过程中，会提示一个网络的基本信息窗口。此时在 Graph Type 中选择 undirected，其他选择默认即可，如图 5.18。

使用 Gephi 对 VOSviewer 的网络文件进行计算和可视化以后[②]，可以依次单击 Gephi 菜单栏 File→Export→SVG/PDF/PNG file，设置保存高清的图形文件，如图 5.19、图 5.20。

---

① Gephi 免费网络可视化软件下载地址：https://gephi.org/，2016-3-2。
② 为了得到比较满意的可视化图形，笔者的经验是：首先，对网络使用的 layout 设置为 ForceAtlas2，在 layout 中选择 Noverlap，最后进行 label Adjust 调整，即可得到较为满意的可视化网络。

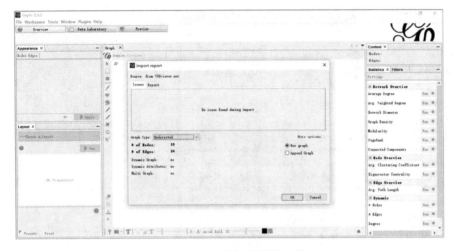

图5.18 用Gephi打开VOSviewer保存的网络文件

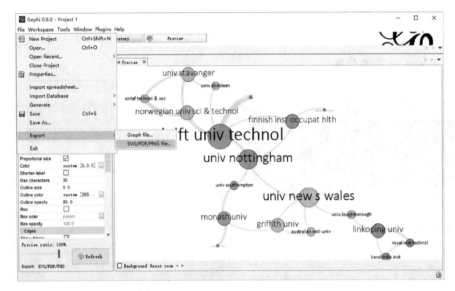

图5.19 Gephi网络可视化结果预览

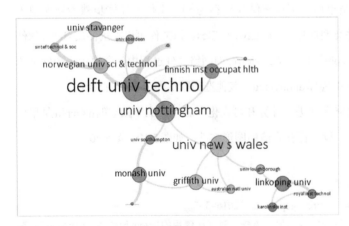

图5.20 Gephi网络可视化结果

对图4.31的国家/地区的合作网络使用Gephi进行可视化，结果如图5.21，图中的节点大小按照节点度数的大小来显示。

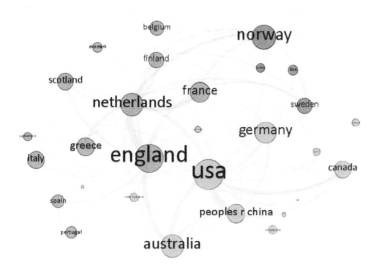

图5.21　使用Gephi对VOSviewer国家/地区合作网络的可视化

上面的可视化对VOSviewer分析得到的很多原始结果并不显示，如聚类信息、标签的属性信息（大小、聚类等）。为了尽可能地在Gephi和Pajek中可视化并显示与VOSviewer中一致的信息，通常需要按照下面步骤进行操作。

### 5.6.1　使用Gephi可视化VOSviewer的完整分析结果

第一步：在VOSviewer的可视化结果界面中，依次单击Save→Save Map→Graph modeling language files(*.gml)，将Map文件保存为GML格式。

第二步：在Gephi中依次单击File→Open→GML文件，会出现Import report界面。在该界面中，将Graph type选择为indirect，再单击确定。此时，在Gephi的Appearance中，可以依据权重等信息对节点的属性进行调整。按照Gephi结果的导出方法，可以将其保存为PNG格式并插入到Word文件中，如图5.22。

### 5.6.2　使用Pajek可视化VOSviewer的完整分析结果

第一步：在VOSviewer的可视化结果界面，依次单击Save→Save Map→Pajek network files(*.net)、Pajek partition files(*.clu)和Pajek vector files(*.vec)。最后，保存后缀名分别为net（网络文件）、clu（聚类结果）和vec（节点大小信息）的Pajek文件[①]，如图5.23。

第二步：打开Pajek软件，在文件读取界面中依次加载这三个文件。需要注意的是，这三个文件的加载位置一定要对应正确（如图5.24）。为了避免每次打开Pajek都要依次加载这三个文件，可以将这三个文件保存到一个文件中，这个文件的后缀名为paj。具体步骤为：在Pajek

---

① Pajek免费网络可视化软件下载地址：http://mrvar.fdv.uni-lj.si/pajek/，2016-3-2。

的界面中,单击File→Pajek project files→Save。打开该文件的步骤为:单击File→Pajek project files→Read。

在Pajek中对VOSviewer结果的完整可视化呈现如图5.25,图中节点为各个国家/地区的论文发表数量,节点的颜色代表使用VOSviewer进行聚类分析的结果。

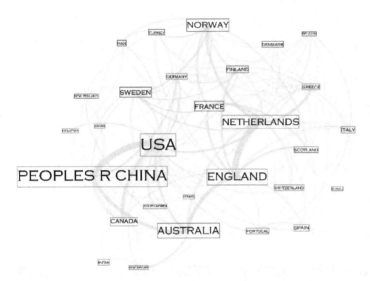

图5.22　使用Gephi对VOSviewer整体结果文件的可视化

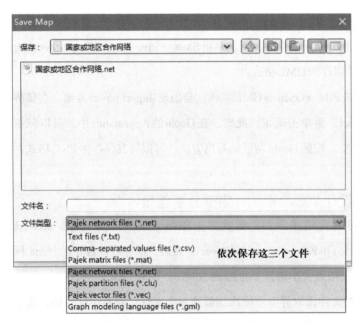

图5.23　保存Pajek的完整文件

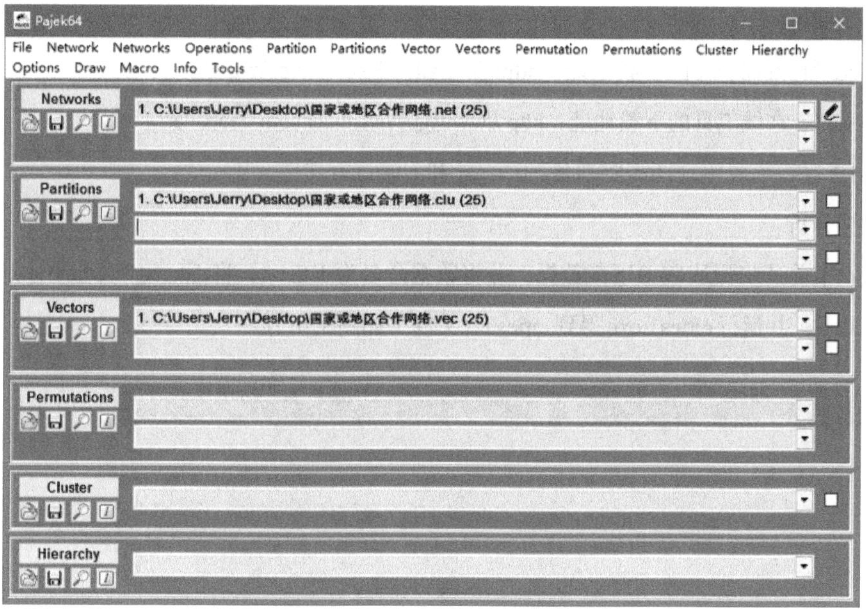

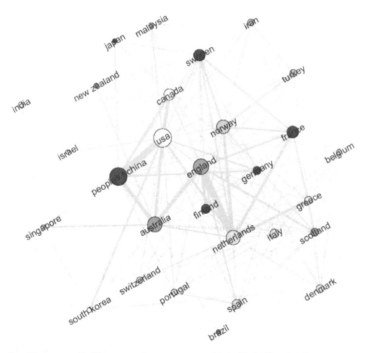

图 5.24　Pajek 文件的加载

图 5.25　使用 Pajek 对 VOSviewer 结果的完整可视化

## 5.7　科研产出及合作网络的地理可视化

由于 VOSviewer 目前还缺少直接用于进行科研合作网络的地理可视化功能，因此，这里进一步介绍莱兹多夫开发的工具作为补充。

第一步：工具准备。

（1）cities1.exe 和 cities2.exe 的下载地址：http://www.leydesdorff.net/maps/。

（2）GPS Visualizer在线工具的下载地址：http://www.gpsvisualizer.com/geocoder/。

如要使用Pajek进行可视化，还需要准备cities.paj 和 coast.net 文件。

第二步：数据分析。

首先，按照本书前述步骤从WoS下载数据，并将数据命名为data.txt。将data.txt和cities1.exe放在同一个文件夹下，并运行cities1.exe得到cities.txt文件（如图5.26）。

**图5.26　文件及分析数据**

使用Notepad文档编辑器打开cities.txt，将数据粘贴到input中进行Geocoding处理。为了得到这些地址名称的地理坐标，需要输入API key。这里使用免费申请的Bing map及其API key进行分析[①]：

ArZ1RleCSjcbQC4JR1zB11f300oHZPFUe4S9o1b4jKcxaZOrzXW2Cua24kgHEE9M。

设置好参数后单击Start Geocoding。此时，在Results as text中就会动态地出现已经处理过的数据及其状态，图5.27（44 of 1013 lines processed）表示总计1 013条数据行，已经处理44条。等待数据分析结束后，将Results as text复制到新建的命名为geo.txt文档中，并将其保存为UTF-8格式。将geo.txt文档放置在所分析的文件夹中，进入下一步的分析。

运行cities2.exe（若文件夹在桌面无法运行，可以将文件夹整体拷贝到D盘分析）文件得到cities.kml、cities2.kml两个文件，然后可以使用多种方式对得到的结果可视化。

---

① 在线申请Bing map的API KEY：https://www.bingmapsportal.com/，2016–3–3。

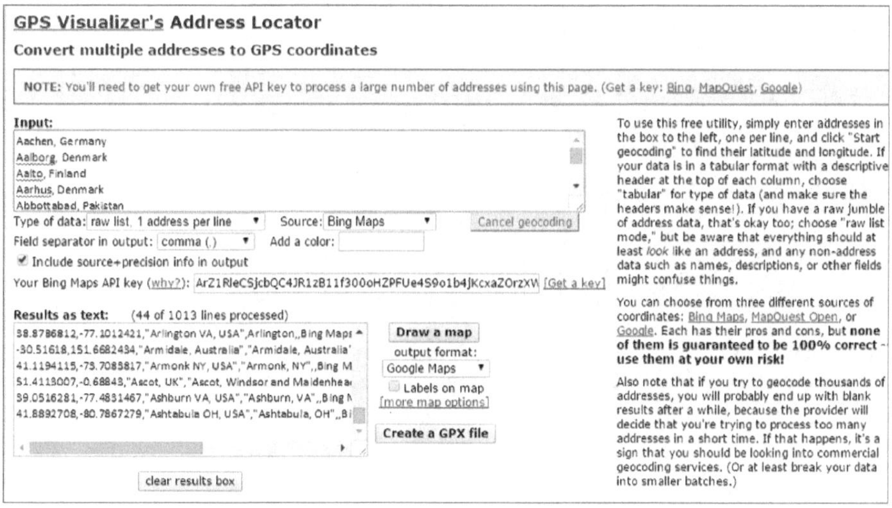

图 5.27　数据的地理坐标化

## 5.7.1　使用 GPS Visualizer 进行可视化

单击 http://www.gpsvisualizer.com/map_input?form=data 进入 GPS Visualizer 地理可视化的应用页面，将分析产生的文件打开复制到 Or paste your data here 中并进行参数配置，将 Force plain text to be this type 由 waypoints 变为 default。在 Colorize using this field 中将 Colorize using this field 变为 custom field，将 Resize using this field 变为 custom field，并在 Custom resizing field 中输入 n（如图 5.28）。最后，单击 Draw the map 即可得到可视化结果（如图 5.29）。

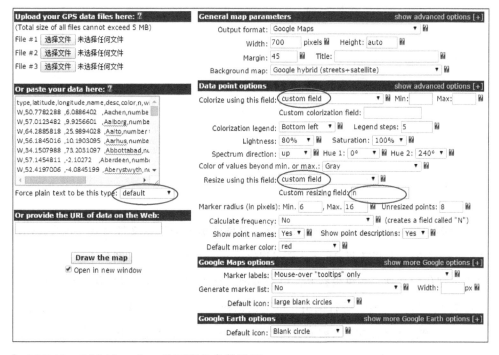

图 5.28　GPS Visualizer 的可视化参数设置

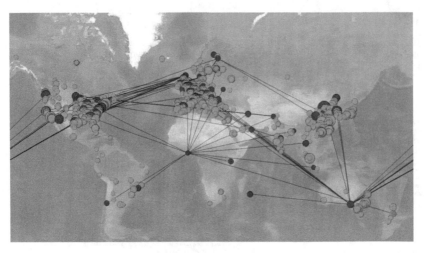

图 5.29　GPS Visualizer 合作网络可视化结果

### 5.7.2　使用谷歌地图进行可视化

首先需要登录 https://www.google.com/maps/d/home?hl=en_US，进入谷歌地图（Google Map）的可视化主页，单击 Create a new map 开始创建新的地图（如图 5.30）。

图 5.30　谷歌地图的可视化主页

在进入地图创建界面后，单击 Import 会提示要创建地图的原始文件格式，包含 KML、CSV、XLSX 以及 GPX。这里按照提示导入要可视化的 cities2.kml 文件（如图 5.31）。

选定要可视化的文件，并单击打开，得到可视化结果。为了显示得更加清楚，可以在左侧的图形属性功能区对图形进行编辑，也可以选择将该地图结果在线分享到 https://t.co/IayVfp7cYI，其他知道该链接的学者就能够在线浏览地图。最后，通过打开分享的链接，可以放大或取消图形的属性编辑区，显示更加清晰的结果。

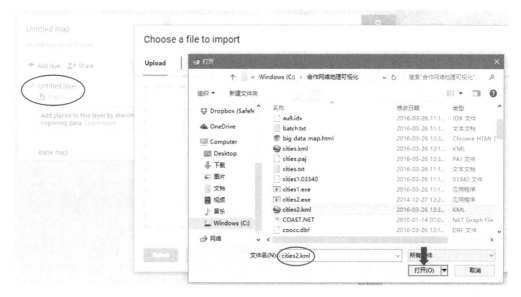

图5.31　谷歌地图的数据导入

### 5.7.3　使用Pajek进行可视化

得到的结果也可以使用Pajek进行可视化。具体步骤为：首先，打开Pajek，依次单击File→Pajek project file→Read F1，读取cities.paj文件；然后，在Pajek界面下依次单击File→Network→Read，读取COAST.NET文件，完成后在菜单中单击Networks→Union vertices；最后，单击Draw→Network得到可视化结果（如图5.32），为了保证图形的质量，在可视化界面中选择导出得到最终的可视化图形（如图5.33）。如果节点显示有问题，在可视化界面依次单击Options→Size→Of vertices defined in input file。

在产生的结果中，包含一个名称为VOSviewer.net的文件。可以使用VOSviewer来读取并可视化该文件（如图5.34）。从图形的结果来看，节点在二维空间的分布是以地理坐标为依据的。

### 5.7.4　使用爱思维尔地理可视化工具

如果完成的论文将来希望在爱思维尔旗下的英文期刊上发表，那么可以登录其地图预览页面（http://elsevier-apps.sciverse.com/GoogleMaps/verification），选择cities2.kml文件，并单击Upload上传。右侧的Supplementary Geospatial Data中会显示提交的结果（如图5.35），此时表明可将该文件连同论文一起提交到期刊系统。在论文刊出后，该动态地图会显示在论文的主页面。

如果仅仅为了实现简单的分布可视化，使用上面分析得到的inp_gps.txt文件（该文件包含所分析数据地址的地理坐标），可以在Excel 2016中进行可视化（如图5.36）。或者使用Google Fusiontables来读取cities2.kml文件，对数据进行地理可视化（如图5.37）。

最后，将莱兹多夫的科研合作网络的地理可视化工具的分析步骤总结如下，见图5.38。

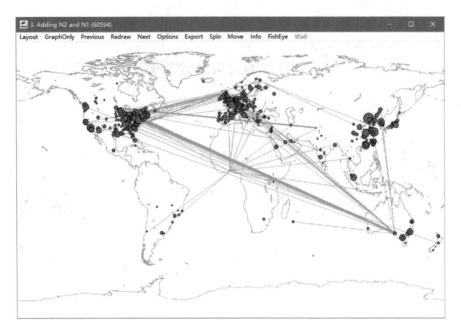

图5.32　Pajek对合作网络地理可视化的分析

图5.33　从Pajek中导出的最终结果

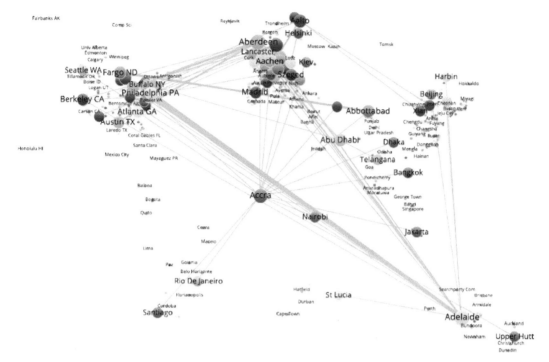

图 5.34 使用 VOSviewer 对分析结果的可视化

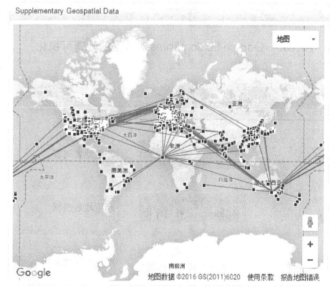

图 5.35 使用爱思维尔地理可视化工具

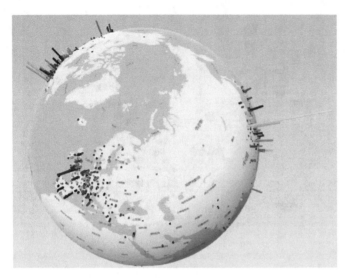

图 5.36　Excel 2016 中的地理可视化

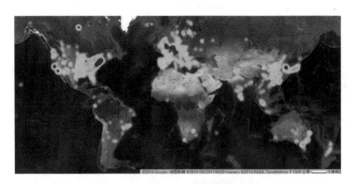

图 5.37　Google Fusiontables 对数据的地理可视化

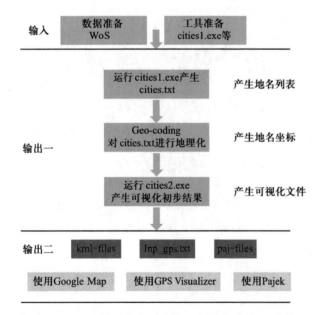

图 5.38　用莱兹多夫开发的工具进行合作网络地理可视化的步骤

# 第6讲　CitNetExplorer界面及基本原理

## 6.1　软件下载和安装

使用CitNetExplorer可以对某一研究领域伴随时间轨迹的发展情况进行分析，这一功能类似加菲尔德教授开发的HistCite功能，即按照时间的顺序，将某一领域的重要文献之间的引证关系进行排列。与HistCite相比，CitNetExplorer的可视化功能、可以分析的网络规模以及互动性更好。CitNetExplorer可以通过文献之间的关系来构建领域发展情况，在分析中通过文献的最小引证次数来限定引证网络文献的规模，也可以专门对某个研究者发表的所有论文之间的引证关系进行研究。而且，CitNetExplorer也是用来进行文献综述的高效工具。

在浏览器中输入http://www.citnetexplorer.nl，即可登录到CitNetExplorer主页，默认为该软件的简介界面（如图6.1）。单击页面中的Download，进入下载页面。当前CitNetExplorer提供两种形式的软件包，一种是Microsoft Windows systems，另一种是other systems格式（安装有Java虚拟机的系统）。通常使用的是Microsoft Windows systems格式，单击链接下载。

图6.1　CitNetExplorer软件主页

下载软件后会得到一个名称为CitNetExplorer_1.0.0_exe的软件程序包，与VOSviewer的安装类似，该软件解压后即可使用。解压后共得到三个文件，分别为CitNetExplorer（软件执行程序）、Getting started（软件入门教程）以及License（使用许可）（如图6.2）。

图6.2　CitNetExplorer解压后的文件夹

要打开软件，双击已解压的文件夹中的CitNetExplorer执行程序即可。

## 6.2　软件启动界面

双击CitNetExplorer执行程序后，进入软件启动界面（如图6.3）。软件加载完成后正式进入软件的界面，默认是加载数据的页面，即显示了Open Citation Network的界面（如图6.4）。为了较为完整地显示软件界面的功能，这里加载一个案例数据，得到包含结果的CitNetExplorer界面。

图6.3　CitNetExplorer软件启动界面

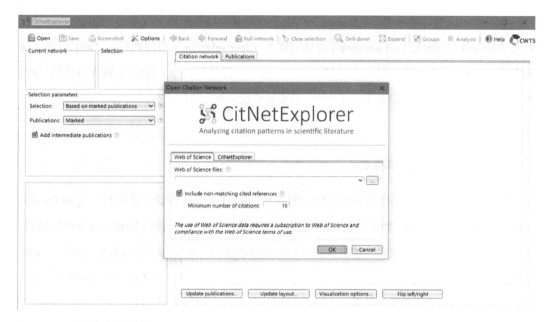

图6.4 软件启动后界面

这里将CitNetExplorer的软件界面分为四个主要功能区（如图6.5），分别为菜单栏、引证网络信息显示界面、可视化结果界面以及可视化结果调整界面。

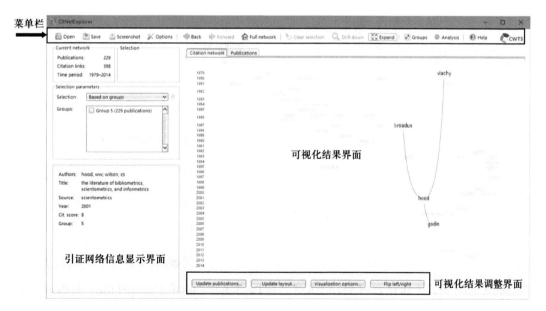

图6.5 CitNetExplorer软件界面的功能区

下面对四个功能区的详细内容进行介绍：

（1）菜单栏

CitNetExplorer的菜单栏（如图6.6）包含Open（打开引证网络功能，即Open Citation

Network）、Save（保存结果文件）、Screenshot（复制或者保存结果图形）、Options（选项）、Back（返回）、Forward（向前）、Full network（整体网络）、Clear selection（清除选择）、Drill down（深入分析）、Expand（扩展）、Groups（组）、Analysis（分析）和Help（帮助）。在无分析结果时，除Open、Options和Help功能可以打开外，其他菜单功能都为禁用状态。

图6.6　CitNetExplorer菜单栏

　　Open是软件默认启动就执行的功能，即启动CitNetExplorer后就会默认提示Open Citation Network（如图6.7）。此界面下，可以加载的数据有Web of Science和CitNetExplorer两种格式。若要加载Web of Science数据，单击界面中的加载数据按钮，并选择要分析的数据即可。界面中Include non-matching cited references可以选中或者取消选中，具体含义是用户在检索的结果中可能丢失了一些与主题相关的结果，这些丢失的结果可以从参考文献中弥补。Minimum number of citations主要是按照引证次数来提取满足阈值的文献，并在可视化界面中显示。

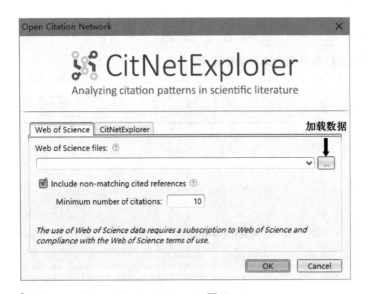

图6.7　Open Citation Network界面

　　Save中包含Full network和Current network两种保存方式（如图6.8），它们都可以保存为CitNetExplorer格式（保存为两个TXT文件，即Publications file和Citations file）和Pajek格式（保存为NET文件）。

　　Screenshot中包含Save（将结果保存为png等图片格式）、Print（打印当前结果的图片）、Copy to clipboard（复制当前图片）以及Options（对当前可视化图片导出的设置），见图6.9。

图6.8 CitNetExplorer结果保存

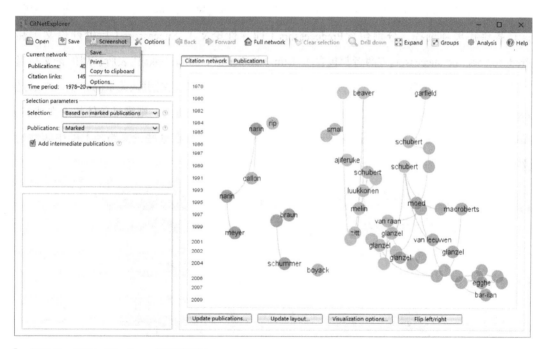

图6.9 CitNetExplorer图形保存

Options中包含了对Citation scores（引证得分）及其Group colors（聚类颜色）的设置，如图6.10。Citation scores设置中包含Use external citation scores和Use internal citation scores。例如，下载WoS中Ergonomics的所有论文，这里的internal citation scores是指本地数据库的Ergonomics论文之间相互引证所得到的引证次数，而external citation scores是指某篇论文在整个WoS数据

第6讲 CitNetExplorer界面及基本原理 143

库中所获得的引证次数。这与HistCite中的Local citation scores（对应internal citation scores）和Global citation scores（对应external citation scores）类似。

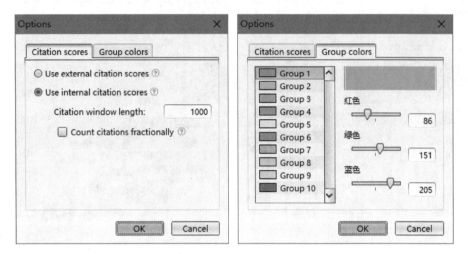

图6.10　CitNetExplorer选项设置

Expand Current Network（网络文件的扩展）是在当前网络的基础上对引证网络的扩展。这里提供扩展项选择，分别包含Predecessors（前导性论文）、Successors（后继性论文）和Predecessors and successors（两者都包含）。Min. number of citation links代表所扩展的论文与当前网络中其他论文之间引证关系的最小引证关系。Max. distance是指引证关系的长度，即通过Expand加入当前引证网络的论文与网络中论文的距离，此数值越大，则满足条件的论文越多。Add intermediate publications是指在引证网络扩展时，是否增加在这些论文路径上的中间性论文，如图6.11。

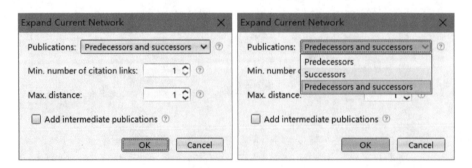

图6.11　CitNetExplorer扩展功能

Groups主要用于对聚类后的网络进行处理。包含Undo groups（撤销聚类）、Redo Groups（重新聚类）、Clear all groups（清除所有分类）、Assign publications to group（将论文分配到某类）、Remove publications from group（将论文从某类移除）、Import groups（导入聚类）和Export groups（导出聚类），如图6.12。

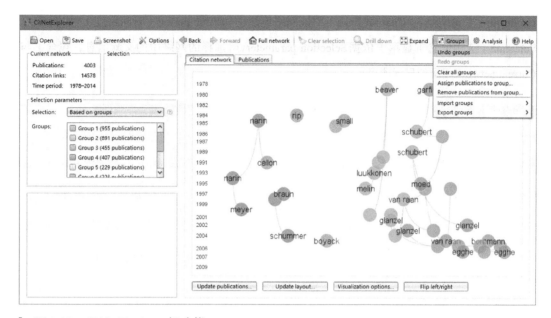

图6.12 CitNetExplorer组功能

Analysis主要是对引文网络的分析,包含Connected components(连通性分支)、Clustering(聚类)、Core publications(核论文)、Shortest path(最短路径)和Longest path(最长路径)分析,如图6.13。

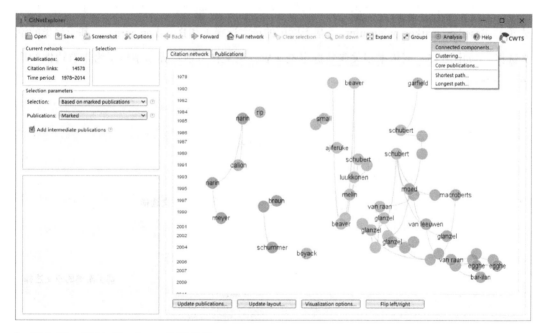

图6.13 CitNetExplorer分析功能

(2)引证网络信息界面

引证网络的信息显示位于软件界面的左侧,主要显示Current network(当前网络)的

Publications（论文量）、Citation links（引证网络连线）和Time period（时间跨度），如图6.14。Selection（选中信息）显示了依据Selection parameters所选择的网络中的文献信息，包含了与Current network相同的显示项目。

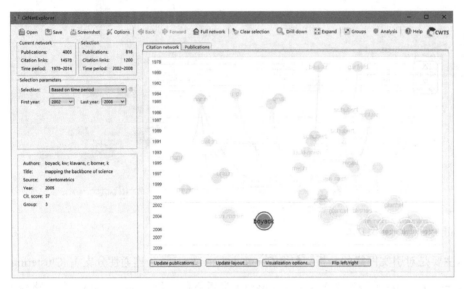

图6.14　CitNetExplorer引证网络信息界面

Selection parameters选项提供不同的选择方法：包含Based on time period（基于时间的论文选择）、Based on marked publications（基于标记的论文选择）和Based on groups（基于聚类的论文选择），如图6.15。当依据相关参数选定论文后，论文在可视化界面中显示为带有边框的形式，如图6.16。

图6.15　CitNetExplorer引证网络信息筛选界面

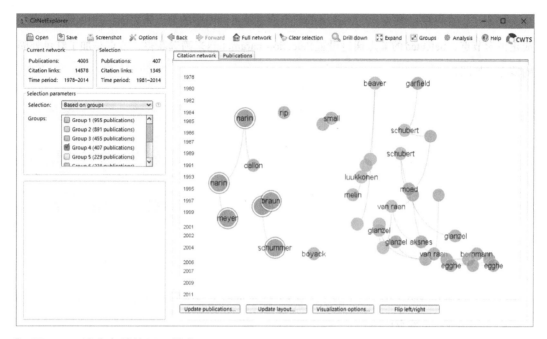

图6.16 选中文献的显示样式

在可视化界面中，单击Citation network键右侧的Publications键进入引证网络的信息的检索页面，如图6.17。该页面包含三个功能，分别为All publications的显示、Selected publications的显示和Marked publications的显示。All publications通常表示的是用户分析的所有施引文献，Selected publications是指用户使用论文选择功能所提取的文献，Marked publications是指用户通过单击网络中的节点所选择的文献。

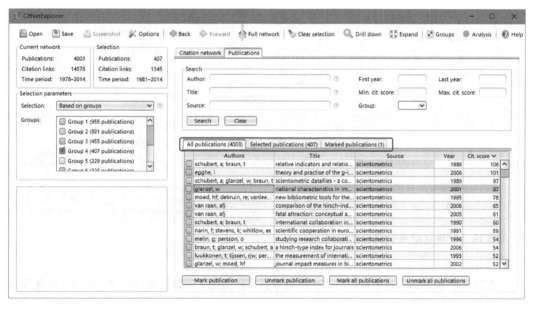

图6.17 CitNetExplorer引证网络信息检索界面

特别地，在可视化网络中，Marked的节点通过单击网络中的节点来完成，并由圆形节点变成正方形节点；Selected的节点通过设置Selection parameters来筛选获得，节点是加了红色外圈的节点，如图6.18。

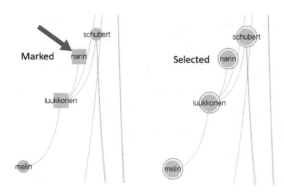

图6.18  可视化网络中Marked节点和Selected节点的不同显示

（3）可视化结果调整界面

CitNetExplorer共包含四个可视化调节功能，分别为Update publications、Update layout、Visualization options和Flip left/right，如图6.19。

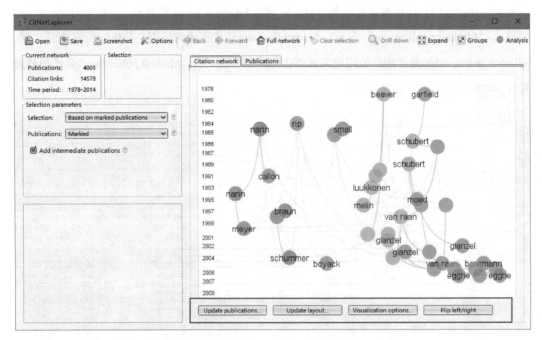

图6.19  可视化结果的调整功能

在Update publications中可以对当前网络中所显示的论文的数量进行修改，网络中候选节点的显示原则是按照引证数量进行选择。例如，默认情况下Number of publications为40，最大可以修改到100，如图6.20。

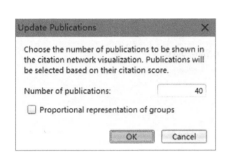

图6.20 CitNetExplorer中网络显示节点的数量

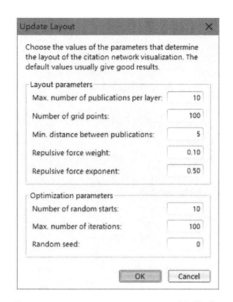

图6.21 CitNetExplorer可视化布局调节

在Update Layout中可以对网络的布局进行调整，常见的参数有Repulsive force weight（默认值为0.1）和Repulsive force exponent（默认值为0.5），如图6.21。

Visualization Options是最为常用的可视化调整功能（如图6.22）。Size可以调节节点和字体的大小。Vertical spacing可以放大垂直方向上的文献及其关系。Labels在默认情况下显示为Last name of first author，也可以修改为Last name of last author。Horizontal line（Show/Do not show）控制水平线的显示与否。Citation links是按照Shortest path

图6.22 CitNetExplorer显示调节

（最短路径）来显示引证关系，默认为Show direct，此外还有Do not show、Show direct and 2nd order、Show direct, 2nd order and 3rd order和Show all。Show direct表示的是引证网络中论文的直接联系，即Shortest Path=1。Show direct，2nd Order and 3rd order表示Shortest path=2或者3的情况。可以选择是否要剪裁网络关系（Transitive reduction），其他选项在使用时可以选择默认，如图6.23。

Flip left/right是对图形位置的简易调整，选择该功能的前后比较如图6.24。

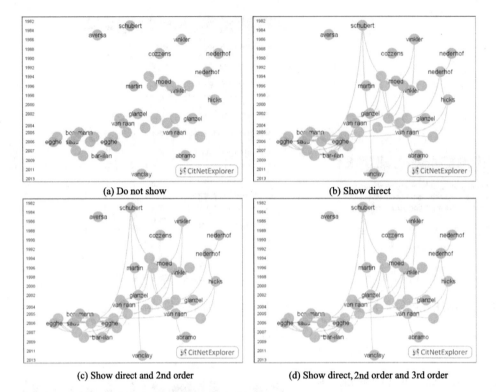

图6.23　显示调节中的Citation links设置

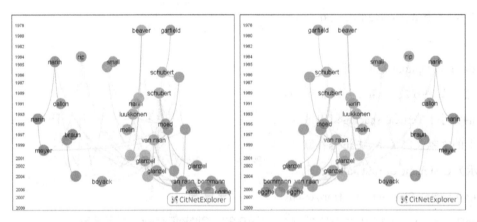

图6.24　Flip left/right对图形位置的调整比较

## 6.3　软件基本原理[①]

同样地，我们也需要对CitNetExplorer的基本原理有一些了解，从而完整、正确地理解分析结果。

---

① van Eck N J, Waltman L. CitNetExplorer: A new software tool for analyzing and visualizing citation networks. *Journal of Informetrics*, 2014, 8(4): 802-823.

### 6.3.1 垂直维度的文献分布

垂直方向的论文整体上按照时间先后顺序，从上到下逐渐增加。在微观层面，时间先后有更为细致的分层。若这些论文出现在同一年中，它们之间没有引证关系，则可以放置在该年份的同一水平线上。当然在默认情况下，每一时间层的文献数量的最大值为10，当超过10时排列可能会发生变化。若它们之间有引证关系，则按照被引文献在前、施引文献在后的规则排列，具体示例参见图6.25。那么在同一时间上就会划分出多个时间层，为了尽可能地使用最少的时间层，可以采用一种简单的启发式算法（Heuristic algorithm）来实现。

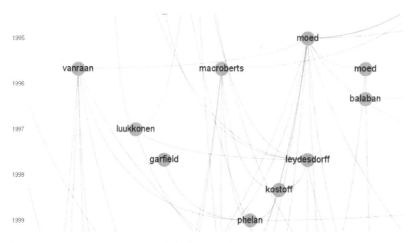

**图6.25　CitNetExplorer垂直方向排列**

### 6.3.2 水平维度的文献分布

文献在水平维度上按照它们的相似度进行分布，具体的计算方法是最小化下面的方程，

$$Q_{\text{Visualization}}(x_1,\cdots,x_n) = \sum_{i=1}^{n}\sum_{j=1}^{n}(s_{ij}d_{ij}^2 - \alpha d_{ij}^\beta)。$$

其中，$n$ 代表可视化网络中包含的文献数量；$s_{ij}$ 表示文献 $i$ 和文献 $j$ 之间的接近性，网络中文献 $i$ 与文献 $j$ 的接近性使用随机游走（random walk）的思路进行计算，并将网络视为无向网络；$\alpha$ 表示排斥权重，默认值为0.1；$\beta$ 表示排斥权重的指数，默认值为0.5。这两个数据也可以自己设定；$x_i$ 表示文献 $i$ 在水平维度的位置，$d_{ij}$ 表示文献 $i$ 与文献 $j$ 在水平维度上的距离，$d_{ij}=|x_i-x_j|$。

最小化 $Q_{\text{visualization}}(x_1,\cdots,x_n)$ 使用一个简单的启发式算法进行计算，该算法将文献在水平维度的位置视为一个离散变量（discrete variable）。对于任意的文献 $i$，

$$x_i \in \left\{\frac{0}{m-1}, \frac{1}{m-1}, \cdots, \frac{m-1}{m-1}\right\}。$$

其中 $m$ 是网格点的数量，默认值为100。

### 6.3.3 引证网络的分析原理

（1）引证网络的聚类

在CitNetExplorer中，文献引证网络的聚类通过最大化下式来实现，

$$Q_{\text{clustering}}(u_1,\cdots,u_n) = \sum_{i=1}^{n}\sum_{j=1}^{n}\delta(u_i,u_j)\left(a_{ij}-\frac{\gamma}{2n}\right)。$$

式中，$n$代表网络中文献的数量；$a_{ij}$代表文献$i$与文献$j$的相关性；$\gamma$代表分辨率参数，默认值为1；也可以根据自身需要调整该参数，其值越大则得到的聚类就会越多；$u_i$表示文献$i$所属的聚类。若$u_i=u_j$，则$\delta(u_i, u_j)=1$，否则为0。

文献$i$与文献$j$的相关性$a_{ij}$的计算方法如下：

$$a_{ij} = \frac{c_{ij}}{\sum_{k=1}^{n}c_{nk}}。$$

当文献$i$引用了$j$，则$c_{ij}=1$，否则为0。

为了最大化$Q_{\text{clustering}}(u_1,\cdots, u_n)$，CitNetExplorer嵌入了选择性映射算法（Selecting Map，SLM）进行聚类，该算法得到的网络聚类结果要优于Louvain算法对方程的计算[①]。

在聚类时往往会得到一些小规模的聚类。为了优化这个问题，在CitNetExplorer中可以对聚类的最小规模进行手动设置，软件中最小聚类规模的默认值是10。

（2）核文献的识别

在CitNetExplorer中核文献的识别使用的是K-core思路。具体是指在引证网络中，一个核文献的引证关系与其他核论文关系的最小值要满足某一阈值。图6.26就识别出了K核不小于3的核文献，并用方圆进行突出显示。我们可以自主选择K核的大小，K核越大，提取出来的文献数量就会越少。

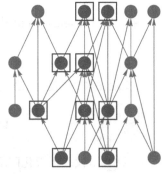

图6.26 核文献的识别

### 6.3.4 网络剪裁的基本原理

在CitNetExplorer中为了避免复杂的引证关系带来分析上的困难，可以通过传递简化（Transitive reduction，TR）功能来实现网络剪裁[②]。基本原理是在引证网络中，首先定义必要和非必要引证关系的概念。必要引证关系是指，除了论文A和论文F之间存在引证关系之外，再没有别的路径可以实现A和F的关联。非必要引证关系是指，A和F除了直接的引证联系外，还可以通过其他引证路径使A达到F，那么该直接引证联系就被认为

---

[①] Waltman L, van Eck N J. A smart local moving algorithm for large-scale modularity-based community detection. *European Physical Journal B*, 2013, 86.

[②] 笔者认为CitNetExplorer这种网络剪裁的原理与网络结构洞、强关系和弱关系直接相关，感兴趣的读者可以进一步参考相关资料对结构洞、强关系和弱关系进行学习。

是非必要的。在CitNetExplorer中，TR的作用就是来移除引证网络中的非必要文献，如图6.27。图6.28是使用TR前后的引证网络比较，后者要清晰一些。

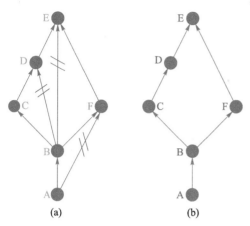

图6.27 使用TR功能前（a）后（b）的网络比较

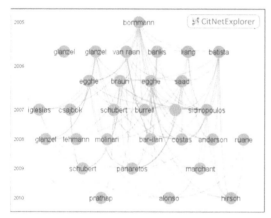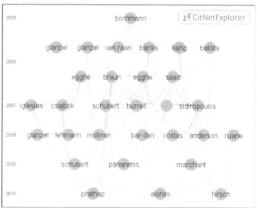

图6.28 实际引证网络中TR功能分析前后比较

### 6.3.5 网络扩展和深入分析

CitNetExplorer提供引证网络的Expand和Drill down分析功能，从效果上看它们是相反的功能。进行两个功能的讨论之前，在CitNetExplorer中需要明确三个基本的概念，即Predecessor、Successor和Intermediate publications。Predecessor为前导性文献，在引证网络中是当前网络之外的文献，并被当前引证网络中的其他文献引用。Successor为后继性文献，是在当前引证网络之外的文献，并引用了当前网络中的文献。Intermediate publications为中间性文献，是在当前引证网络之外，但其位于当前网络中文献之间的路径上。CitNetExplorer提供基于Predecessor、Successor和两者的引证网络扩展分析功能（在菜单栏中依次选择Expand→参数设置→OK），如图6.29。

引证网络的Drill down分析通常分为两步进行：第一步，有一组文献在当前网络中被选择；

第二步，对当前引证网络依据选中的文献进行更新。CitNetExplorer提供了三种方法用于在引证网络中选定文献（该功能在软件界面的左侧），分别为Based on marked publications（基于标记文献的选择）、Based on time period（基于文献时间的选择）和Based on groups（基于分组的选择）。

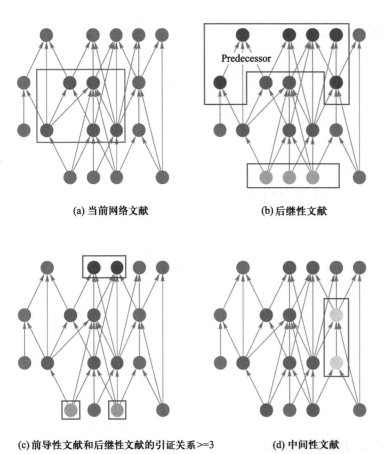

(a) 当前网络文献

(b) 后继性文献

(c) 前导性文献和后继性文献的引证关系>=3

(d) 中间性文献

图6.29　网络的扩展功能

例如图6.30，在一个网络（a）中，标记了四个文献。在实际分析过程中我们不仅仅关注标记的文献，还会考虑到在它们路径上的其他文献，如（b）对中间性文献也进行了标记。因此，网络中不仅会选定已经标记的文献，在这些标记文献路径上的中间性文献也会被选择。另外，在引文网络中标记文献时，有时还会关注前导性文献和后继性文献。这里的前导性文献是指，未被用户标记但是被用户标记文献所引用的文献。后继性文献是指，未被用户标记但引用了用户标记了的文献。如（c），若按照（a）标记了文献，那么前导性和后继性的文献也会被选择出来。值得注意的是，在此情况下，有些文献可能既是前导性文献，也是后继性文献。最后，还可以让用户标记的文献在进行选择功能的时候，显示出包含前导性、后继性以及中间性的文献。如（d）所示，选定了标记文献的后继性和中间性文献。

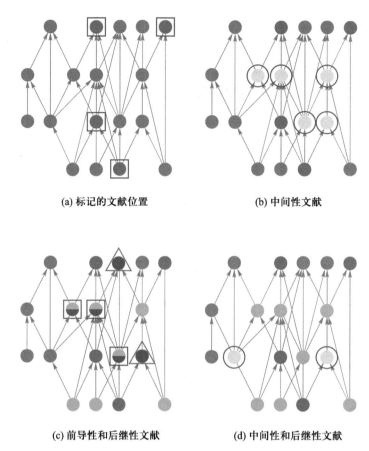

图6.30 引证网络的Drill down分析

关于基于时间和分组选择的Drill down功能，只要在左侧的选择参数中直接选择，然后单击菜单的Drill down功能即可实现。

最后，当选定好要Drill down的文献后，在菜单栏中单击Drill down即可。如图6.31，这里使用Drill down功能显示了加菲尔德和巴里安（Bar-ilan）的前导性、后继性以及中间性文献，然后得到了这些文献的Drill down结果（如图6.32）。

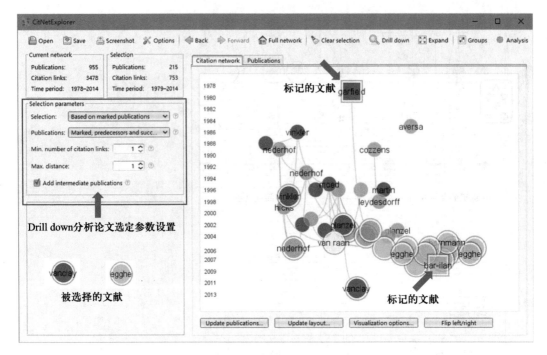

图6.31　基于标记设置的Drill down分析

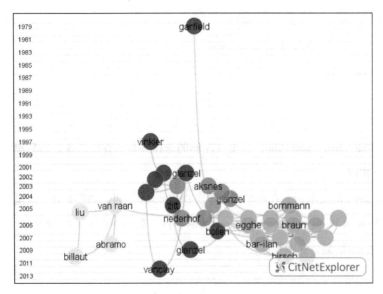

图6.32　基于标记设置的Drill down结果

# 第7讲　CitNetExplorer及相关软件核心功能

## 7.1　CitNetExplorer引文网络及相关软件

### 7.1.1　CitNetExplorer引文历时网络分析

第一步：打开软件并加载数据。

双击解压后文件夹中的CitNetExplorer.exe，打开软件。按照提示加载要分析的数据（WoS数据），初次分析建议取消Include non-matching cited references，如图7.1。在选择数据时可以使用Ctrl键+鼠标左键选择多个文本文件，最后单击OK，如图7.2。

图7.1　打开软件界面并准备加载数据

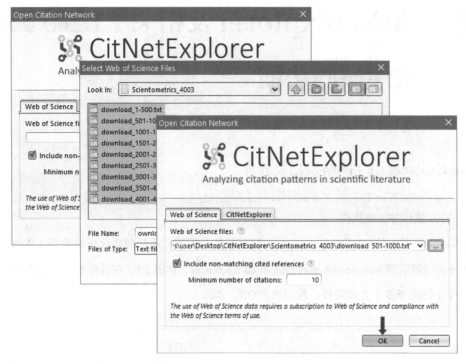

图 7.2 完成加载数据并单击 OK

第二步：可视化结果及其调整。

加载数据结束后，得到可视化结果（如图 7.3）。在该引证网络图中，节点代表一篇论文，连线代表引证关系。发表时间早的论文排在前面，从上到下论文的发表时间越来越接近当前。从引证的方向来看，后发表的论文引用较早发表的论文。

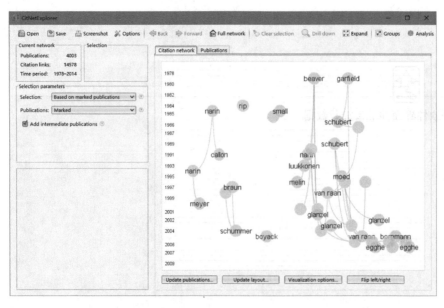

图 7.3 初步的可视化结果

要了解网络节点的详细信息，可以单击可视化界面的Publications，来显示所导入文献的列表，如图7.4。

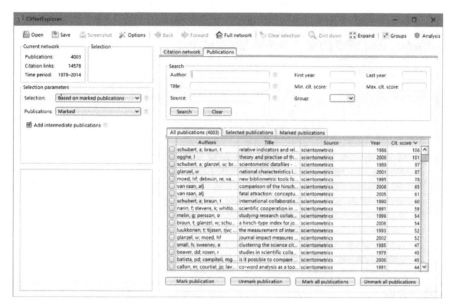

图7.4　查看所导入施引文献的列表信息

对引证网络进行聚类，依次单击菜单栏Analysis→Clustering→OK，提示共探测到了10个聚类，其中526个论文没有被归类。此时，网络中的节点所属聚类使用不同的颜色进行了标记，如图7.5。例如，从橙红色的节点论文信息来看，它们所属的聚类是有关专利计量和技术的分析，绿色节点所属的聚类为作者合作关系的分析。

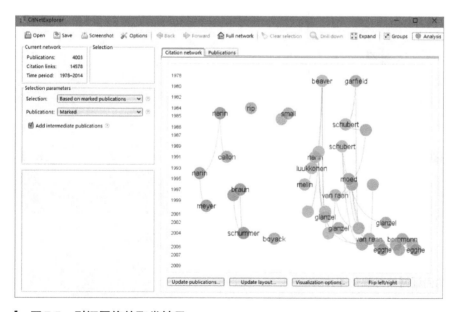

图7.5　引证网络的聚类结果

如果想要了解某个聚类中论文的列表信息，可以单击可视化界面的 Publications，切换到引证网络的列表信息界面。论文的默认列表排序是按照论文的引证次数排列，如果要了解某个特定聚类的文献信息，可以在 Groups 中选择相应的聚类，如图 7.6。

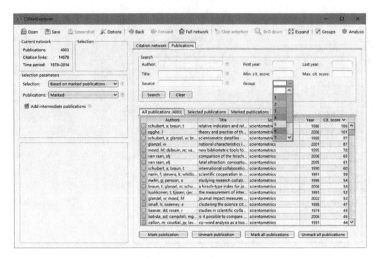

图 7.6  引证网络的查询

第三步：引证网络的保存。

依次单击 Screenshot→Save，为文件命名并保存 PNG 格式的图片。若要直接将当前的结果保存到 Word 或 PPT 中，可以依次单击 Screenshot→Copy to clipboard，然后在 Word 或 PPT 中使用粘贴快捷键（Ctrl+V），完成结果图形的复制，如图 7.7。

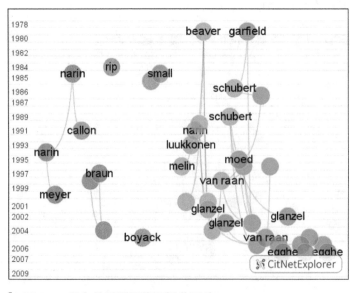

图 7.7  保存的引证网络可视化图片

保存的图片结果是静态的，不能用于后续的深入分析。因此在CitNetExplorer中还可以保存软件可读取的结果文件。具体步骤是单击菜单栏的Save→Full network，分别保存Publications file和Citations file（如图7.8）。要打开该结果，可以在下次启动CitNetExplorer后，依次单击菜单栏Open→CitNetExplorer，按照提示加载保存的CitNetExplorer文件后单击OK，完成结果加载（如图7.9）。

图7.8　CitNetExplorer保存的文件

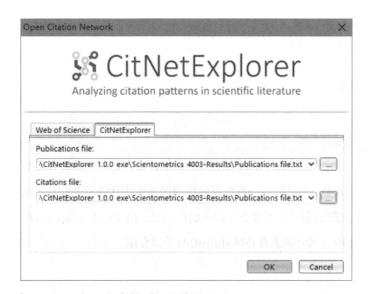

图7.9　打开保存的引证网络结果

由于软件默认是不保存聚类结果信息的，再次打开结果后会发现之前进行的聚类分析结果已经丢失。如果需要保存聚类信息，那么在进行聚类结果后，依次单击Groups→Export groups→Full network。在打开Publications file和Citations file后，依次单击Groups→Import groups→Full network即可加载原来保存的聚类信息。此外，还可以使用Excel读取Publications file来查看详细的网络信息，具体步骤为打开Excel→菜单栏–数据→自文本→加载数据→分隔符号Tab键→列数据格式–常规→完成（如图7.10）。

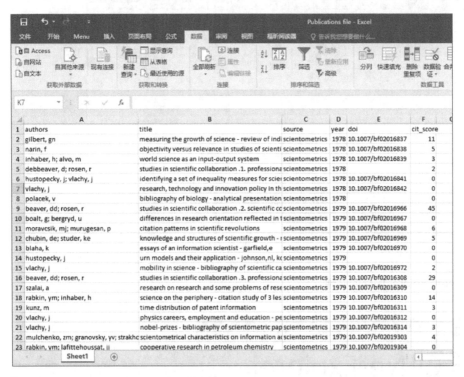

图7.10　在Excel中显示分析结果

### 7.1.2　HistCite引文历时网络分析

HistCite的全称是history of cite，由SCI的创始人加菲尔德及其同事开发，是用于分析WoS数据的边界工具。该软件有两个核心功能，一是可以分析数据的详细描述性统计结果及其基本文献计量指标的结果；二是通过本地文献的引证关系建立历时的引证网络。由于CitNetExplorer的开发思路有很大一部分来源于HistCite，因此这里有必要对HistCite予以介绍。

第一步：下载并安装HistCite。

通过链接http://ip-science.thomsonreuters.com/scientific/m/HistCiteInstaller.msi下载HistCite，在下载HistCiteInstaller.msi并安装HistCite后，双击打开该软件，如图7.11。

界面的菜单栏包含File（文件）、Analyses（分析）、View（浏览）、Tools（工具）和Help（帮助）。File中的核心功能有Add file（文件的批量添加）、New record（记录的手动添加）、Close（关闭）、

Save as（数据保存为HCI格式）以及Export（可导出HCI、CSV或HTML Presentation格式[①]的文件）。Analyses主要包含对数据分析的描述性统计结果，如Records（文献数量）、Authors（作者数量）、Journals（期刊）等。View的功能主要是显示记录所包含的基本参数，常用的功能包含Standard（标准形式）和Bibliometric（文献计量形式）两种，其中Bibliometric显示的参数更加全面和专业一些。Tools包含Graph maker（绘制引文历史图）、Search（查询）、Move to（移动到一定记录）、Mark & Tag（记录和标记）、Edit（编辑）以及Setting（设置）等功能。Help主要提供HistCite的补充资料和相关信息。

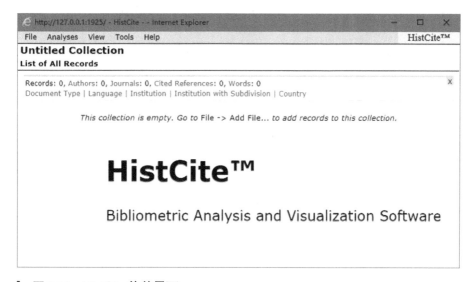

图7.11　HistCite软件界面

第二步：数据加载。

在加载数据前需要做的准备工作有两项，一是当下载的记录大于500条时，将这些记录合并成一个TXT文档，二是如果新版本的WoS数据不能读取，需要使用Notepad++文本编辑工具[②]打开数据，将文本的首行修改为FN Thomson Reuters Web of Knowledge或FN ISI Export Format，然后依次单击File→Add file，或者直接将要打开的数据全选后，拖到HistCite快捷方式的图标上即可打开数据。

若使用HistCite打开数据时遇到File: "C:\fakepath\data.txt": No such file or directory的错误提示而无法导入数据，可以尝试选中要打开的数据，拖动到HistCite桌面快捷方式图标上打开。若还是存在问题，请查看桌面上是否有安装HistCite时的辅助文件（安装后有三个文件，分别

---

[①] HCI格式的优势是，在下一次打开数据时就不用再重新导入数据，直接双击该文件即可。CSV格式的优势是，用户可以在Excel中进一步分析得到数据。HTML Presentation格式的优势是，用户可以将该格式发送给任何人进行浏览（可以不安装HistCite）。

[②] 免费文本阅读和编辑软件Notepad++下载地址：https://notepad-plus-plus.org/，2016-3-3。

为HistCite、HistCite Read Me_files和HistCite Read Me_files），如果缺少文件需要重装软件。

数据导入HistCite后，开始数据加载（如图7.12），若分析的数据量比较大，这个过程会耗时较长。等数据加载结束，会直接进入数据的分析界面。此时，在HistCite中能够清晰地看到所分析数据的各项描述性统计分析结果。为了查看更多的文献计量指标计算结果，可以单击菜单栏View→Bibliometric（如图7.13）。默认显示的是所加载的施引文献的列表，可以单击Date、Author、Journal，按照文献发表时间、作者首字母或者期刊进行排序。也可以单击文献计量指标（如LCS），来对文献列表进行排序。

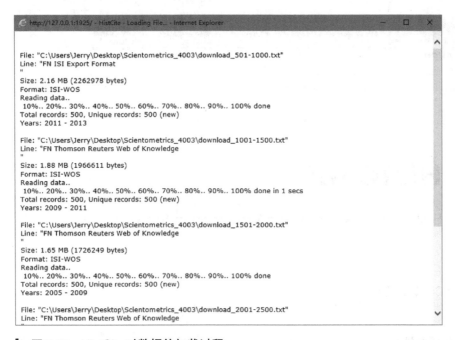

图7.12 HistCite对数据的加载过程

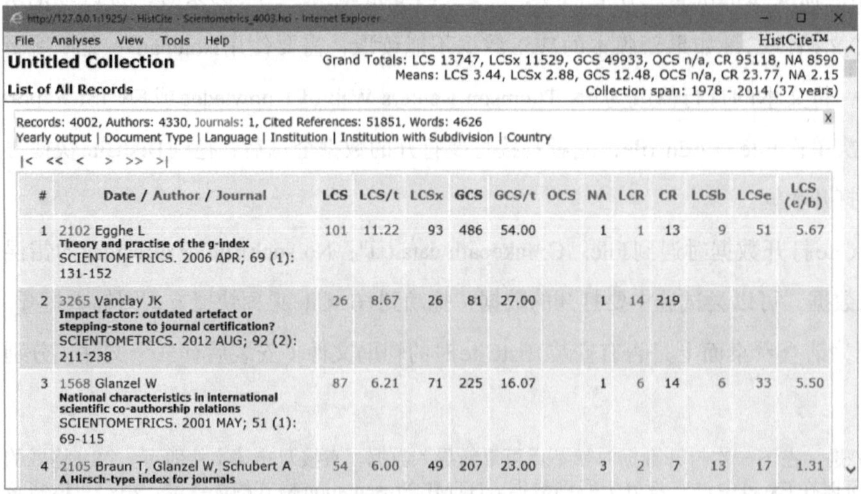

图7.13 HistCite完成数据的加载

在菜单栏下面的信息栏加载显示Records（记录数）、Authors（作者发文）、Journals（来源期刊数量及载文量）、Cited References（参考文献）、Words（主题词），如图7.14。如果想显示作者关键词或者WoS的关键词，可以单击HistCite菜单栏Tools→Setting→Word List，对相关参数进行设置，包括Yearly output（发文时间年度）、Document Type（文献类型）、Language（文献语言）、Institution（机构）、Institution with Subdivision（机构发文，如图7.15）以及Country（国家/地区发文）等信息，单击即可进入某个项目的列表。这些列表提供各个项目的描述性统计分析结果，能够快速确定高产和高影响的国家、地区、机构、作者等信息，是快速了解一个领域基本情况的有效途径。

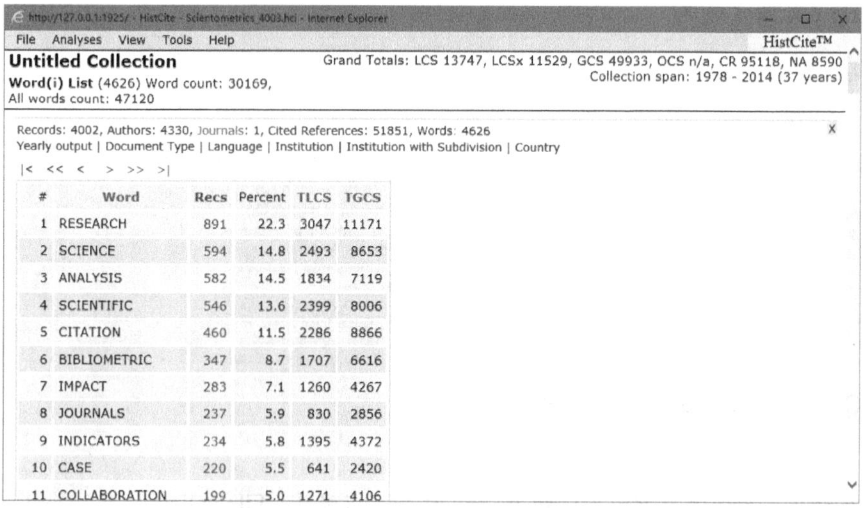

图7.14　主题词的词频排序

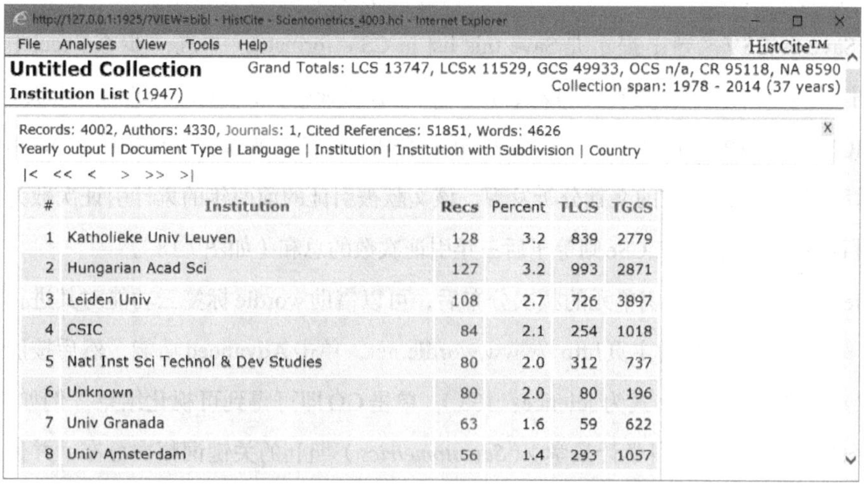

图7.15　机构发文量的排序

若要了解所下载论文的详细信息,可以通过单击论文前方的编号来定位。如这里单击图7.13记录Theory and practise of the g-index前方的数字2012,则可以得到该论文的详细信息,如图7.16。

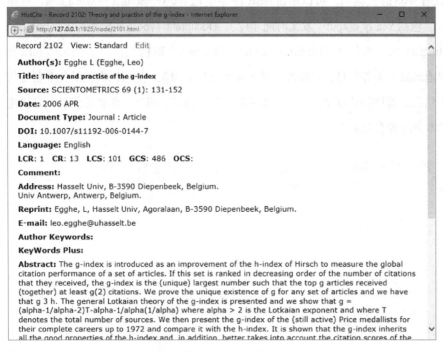

图7.16　HistCite中显示某下载论文的详细信息

对于所分析的数据,可以将其导出为HistCite export file.hci格式(File→Export→Records,这里导出的为全记录,提示为Save full bibliography to a separate file-HistCite format),下一次可以直接双击打开要分析的数据。还可以将软件当前所显示的结果保存为CSV格式(File→Export→Save as CSV,导出提示是Save this list in CSV format),并进一步在Excel中进行分析(如图7.17)。例如,这里对#2012文献"Egghe L Theory and practise of the g-index. SCIENTOMETRICS. 2006 APR,69(1):131-152"进行分析,主要是来探究软件中的LCSb和LCSe的计算。对引用了#2012论文的文献分析发现,该文献被引证的前两年的累计引证次数为9,正好等于软件计算的LCSb,而LCSe则等于后三年引证次数的总和(如图7.18)。

使用HistCite分析得到相关知识单元的频次分布后,可以借助wordle标签云功能对其进行可视化。具体步骤为登录wordle的主页http://www.wordle.net,单击Advanced功能,然后按照词汇和频次格式要求输入数据(格式为science:133),单击GO即可得到可视化结果。例如,图7.19为使用HistCite分析得到《科学计量学》(Scientometrics)期刊的关键词频次分布,并使用wordle可视化频次不低于30次的结果。

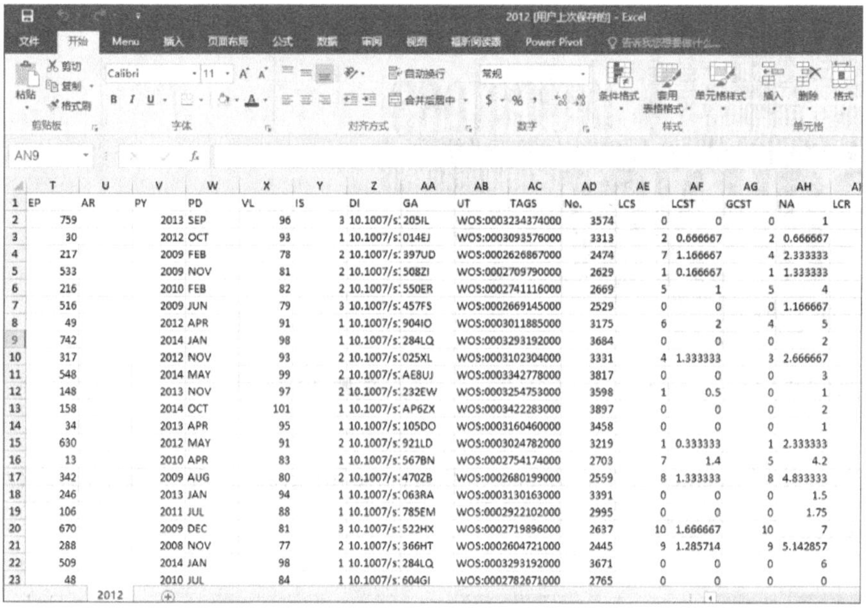

图7.17 导出的当前窗口结果列表

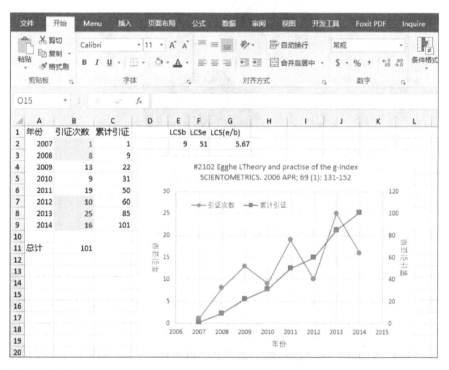

图7.18 对标号2012的文献的年度引证分析

图7.19 《科学计量学》(*Scientometrics*)(1978—2014)关键词的标签云

该类数据还可以使用TreeMap软件的Voronoi、Binary tree和Circular图等可视化方式进行显示，图7.20为Voronoi可视化结果。

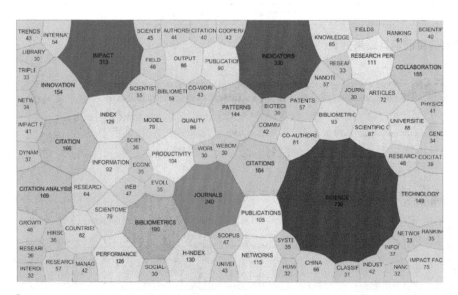

图7.20 《科学计量学》(*Scientometrics*)(1978—2014)关键词的Voronoi图

下面对上述界面中出现的指标的含义进行简要整理和总结：LCS=Local Citation Score，表示的是在本地数据集中某个论文被引证的次数。TLCS=Total Local Citation Score=Total citations in the collection to the journal（author或Institution等），表示某个数据集合字段在本地数据库中被引用的次数。LCS/t=Local Citation Score per year，表示从该论文发表年份到数据获取年份LCS的平均被引，本案例的t=2015—2009=6。LCSx=Local Citation Score excluding self-citations，表示排除自引的被引次数。GCS=Global Citation Score，表示某文献截至下载日期被WoS中其他论文的引证次数。TGCS=Total Global Citation Score，表示所分析的某个数据字段在WoS中被引证的次数。GCS/t=Global Citation Score per year，表示从某论文发表的年份到当前年份平均每年被引次数。Recs=Number of Records，表示记录数。NA=Number of Author，表示文献的作者数量。

LCR=Local Cited Reference,表示某论文引证本地文献的数量。CR=Cited Reference,表示某论文引证参考文献的数量。Percent=%,表示根据记录量计算的百分比。LCSb=Local Citations at beginning of the time period,表示某论文在刚发表一段时间内被引证的次数;LCSe=Local Citations at the end of the time period covered,表示某论文在截至检索时间时的一段时间内被引证的次数,这里LCS不一定等于LCSb+LCSe。LCS e/b=Ratio of Local Citations in the end and beginning periods,表示某篇论文近期被引证的次数与该论文刚刚发表时一段时间引证次数的比值。若LCS e/b>1,则说明该论文在近期被引用次数要大于刚发表的一段时期,此数值越大则越能反映该论文在近期的被关注度高;若LCS e/b<1,则说明该论文刚发表时被关注较多。

第三步:绘制引证网络。

引证网络分析功能位于菜单栏的Tools菜单中。该菜单中还包含了Search(列表信息的检索功能)、Mark & Tag(列表信息的标记功能)、Edit(列表信息的编辑功能,替换或批量修改信息)以及Setting(列表信息显示的设置)等功能。

若要绘制文献引证网络,依次单击菜单栏的Tools→Graph Maker→Make graph,就可以得到按照默认参数设置的引证网络图,如图7.21。引证界面可以分为三个部分,左侧的可视化参数调节区、右上的可视化展示区和右下的可视化信息列表区。

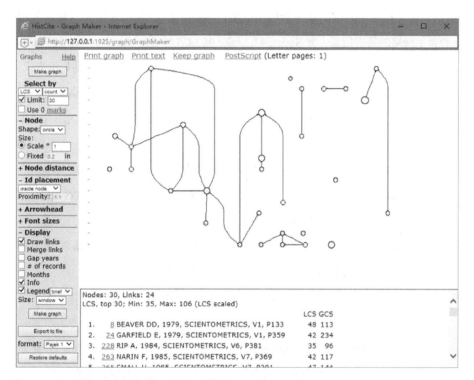

图7.21 按照默认参数设置得到的引证网络图

通常按照默认的参数得到的可视化结果是不理想的,需要对左侧的可视化参数进行调整,使结果更加清晰。现将左侧可视化调节功能进行简要介绍。

在左侧的可视化参数调节区中，首先提供了节点选择功能Select by，其中第一个选项包括LCS和GCS，第二个选项包括count（根据排名来提取）和value（根据引证数值来提取）。这里的LCS和GCS即前面提到的Local Citation Score（本地引证次数）和Global Citation Score（某篇文献在WoS中被引用的次数）。count是按照节点引证排序选择的排名前N的文献，如默认30就代表网络中最终会包含前30个节点；而value指的是按照引证频次进行选择，如默认30就代表引证次数不小于30的所有文献。此外，还可以专门对选择或标记的文献进行引证网络分析。Node为节点的编辑区，提供了三种节点的Shape（形状）选择，分别为圆形、方形和无。Size为节点大小的调整，包含了Scale和Fixed两种选择。Scale根据引证次数的不同，节点大小也会不同；选择Fixed后，节点按照统一的大小显示。Node distance是对节点之间距离的调整，可以分为对$x$轴和$y$轴两个方向的调整。Id placement是对节点标签显示位置的调整，包含inside node、outside node和none三个选项。Arrowhead是引证网络中文献之间连线箭头的选择，包含backward和forward两种；Shape（形状）可以选择为normal、empty、open和none四种；Size是箭头大小的调整。Font sizes是字体大小的调整，包含node（节点）、year（年份）和month（月份）字体大小的调整。Display是对引证关系连线的调整：Draw links为显示连线或者隐藏连线；Merge links为连线的合并；Gap years为年份的完整显示或仅仅显示有网络图中文献的时间；# of records表示在年份后是否加上该年份的文献量；Months为在年份之间显示文献的月份信息；Info为是否显示网络的基本信息，如Nodes: 42, Links: 46 LCS >= 30; Min: 30, Max: 106 (LCS scaled)；Legend为节点列表信息的显示，可以选择brief和full。Size为整个可视化区域的显示方式，有window、letter和full三种。Export to file可以将引证网络导出为pajek文件。最后，调整的结果如图7.22。结果调整满意后，建议保存为PostScript格式，并使用相应的程序打开保存为图片（如图7.23）。

将引证网络文件导出为pajek文件后，可以在网络可视化软件Gephi和Pajek（Export→2D→EPS/PS→EPS[①]-No clip）中进行可视化分析（如图7.24和图7.25）。当然，VOSviewer也有网络可视化的功能，可以对该类型的网络进行分析。

关于HistCite的更多介绍，请参见其帮助文件（单击菜单栏中Help）。加菲尔德关于HistCite的系列论文Papers on Algorithmic Historiography（HistCite）™网址：

http://garfield.library.upenn.edu/algorithmichistoriographyhistcite.html。

### 7.1.3 CRExplorer参考文献时间谱分析

CRExplorer（全称是Cited References Explorer）由安德烈·索尔（Andreas Thor）、瓦尔纳·马克斯（Werner Marx）、莱兹多夫和洛茨·博恩曼（Lutz Bornmann）开发，并在2015年12

---

① EPS文件需要借助Adobe Acrobat DC或者Ghostscript、Ghostview软件来打开。

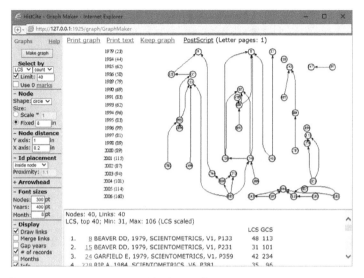

图7.22 HistCite绘制的引证网络图

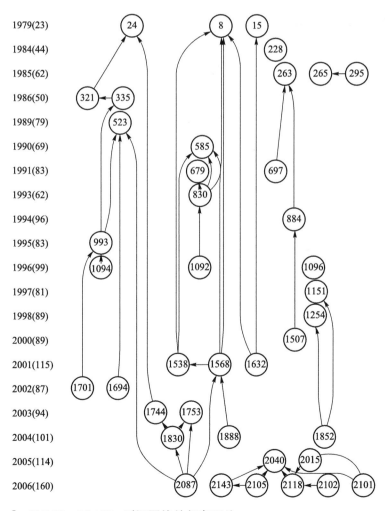

图7.23 HistCite引证网络的保存图片

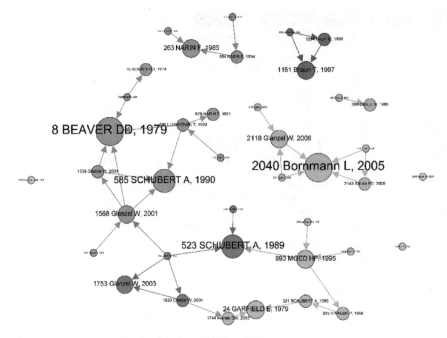

图7.24 Gephi中对案例引证网络的可视化

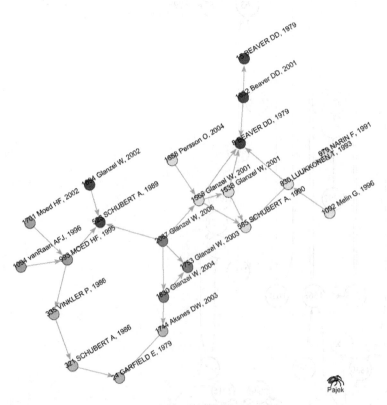

图7.25 Pajek中对案例引证最大子网络的可视化

月30日首次发布，是针对施引论文参考文献分析的工具[①]。该软件的基本功能是提取并分析施引文献中参考文献的信息，可视化其时间分布并列表其详细信息。通过该软件可以了解某领域的高被引论文，研究某位学者的高被引文献及对其有重要学术影响的文献。不仅如此，还可以使用CRExplorer来研究某个主题的演进过程。

第一步：下载并安装CRExplorer。

登录http://www.crexplorer.net/，在Run & Download中下载该软件，如图7.26。若下载的是Java Web Start，需要在线安装。若下载的是JAR file（该版本下载后的名称为Cited References Explorer Full），可以直接使用。

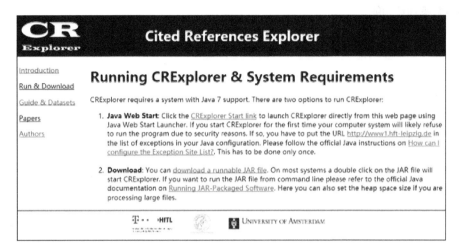

图7.26　CRExplorer的下载页面

第二步：读取所下载的WoS数据。

从WoS核心库中下载数据的步骤为保存为其他文件格式→保存内容Full Record and Cited References，文件格式Other Reference Software→发送，最后完成数据的下载。

打开软件，依次单击菜单栏的File→Import WoS Files，加载数据（这里以2015年发表在《安全科学》（*Safety Science*）期刊上的261篇论文为例）后单击OK，得到分析结果（如图7.27、图7.28）。

CRExplorer默认的可分析参考文献的数量最多为100 000，这个数字可以修改（File→Setting→Import）。分析的文献数量根本上取决于电脑的处理量，当设置数字改为0时，代表所分析的数据量不受限制。

在数据读取结果后，会自动出现Info信息窗口（如图7.29）。在这个窗口中显示了261篇施引文献共引用了10 212个参考文献，引用参考文献的时间跨度为1662—2015年，引用了86

---

[①] Thor A, Marx W, Leydesdorff L, et al. Introducing CitedReferencesExplorer (CRExplorer): A program for reference publication year spectroscopy with cited references standardization, *Journal of Informetrics*, 2016, 10(2)：503-515.

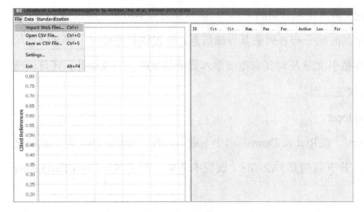

▎图7.27 打开数据加载功能

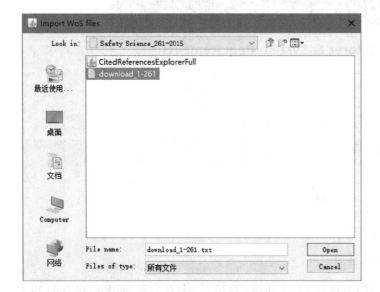

▎图7.28 选取要分析的样本数据

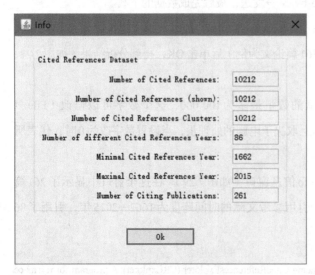

▎图7.29 数据导入后的基本分析结果

个不同的年份。然后，单击Ok，进入分析界面。在分析结果中，也可以依次单击菜单栏中的Data→Info来查看该窗口的信息。

从整体上来看，CRExplorer的分析界面共包含两个部分，左侧为可视化界面（该可视化曲线可被称为被引文献的时间谱线），右侧为信息列表（如图7.30）。左侧的图和右侧的表可以通过菜单栏File→Setting→Table/Chart/Import进行修改。

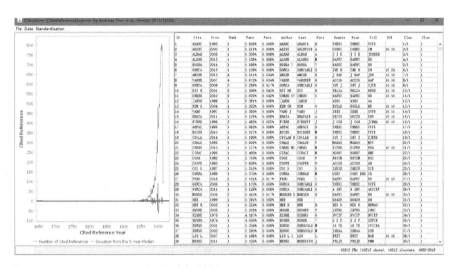

图7.30　CRExplorer初步分析的结果页面

这里通过File→Setting→Import，将Minimum publication year of cited reference修改为1900年，Maximum publication year of cited reference修改为1950年。然后重新导入《安全科学》（Safety Science）2015年的论文数据并进行分析（如图7.31），图中红色的曲线代表Number of cited references（被引文献的数量），蓝色曲线代表Deviation from the 5-year-median（中位数绝对偏差）。从得到的图形结果发现，1931年有一个很高的峰值，该峰值主要由1931年赫伯特·威廉·海因里希（Herbert William Heinrich）出版的经典著作《安全事故预防》（Industrial Accident Prevention）所贡献（在图7.32中简写为IND ACCIDENT PREVENT）。可以通过菜单File→Save as CSV file，将当前文献列表进行保存，并在Excel中查看结果。打开软件后也可以通过菜单File→Open CSV file打开保存的CSV结果。

在左侧的可视化界面中，右击鼠标就会得到一个对该窗口进行编辑的菜单。Properties表示属性，可以对图形的标题、坐标、线的样式以及背景颜色进行修改。Copy表示复制，可以将图形直接复制到Word或者PPT等工具中。Save as表示图形信息的保存，可以将图形保存为PNG和SVG两种图形样式或CSV格式，并自行在Excel中重新绘制数据（如图7.33）。Print可以直接打印当前显示的图形。Zoom in和Zoom out分别是对图形的局部放大和缩小，Auto Range则是显示到默认的图形状态。

当然，CRExplorer的功能不仅仅限于上面的演示。通过该软件还可以对下载的数据进行管

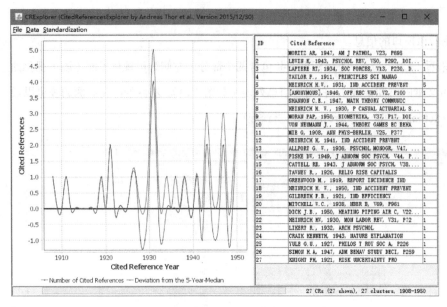

图7.31　1900—1950年的文献在2015年《安全科学》(Safety Science)上的被引情况

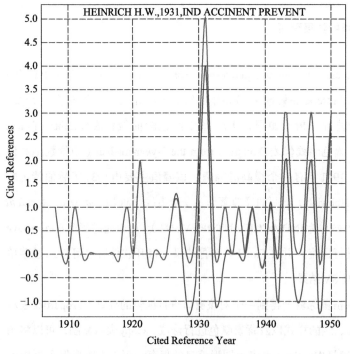

图7.32　1900—1950年的文献在2015年《安全科学》(Safety Science)上的被引图

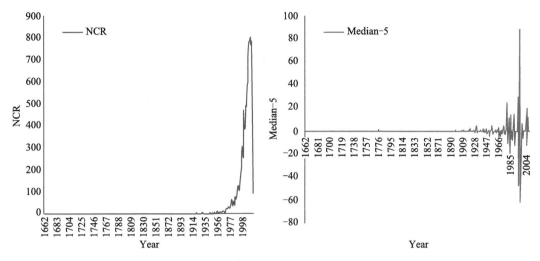

图7.33 将原始图形文件保存为CSV格式后分别绘制曲线

理、识别，并处理相同的文献信息。

（1）从数据库中移除数据

在CRExplorer菜单栏的Data中有四种移除数据的方法，分别为Remove Selected Cited References、Remove by Cited Reference Year、Remove by Number of Cited References以及Remove by Percent in Year，如图7.34。

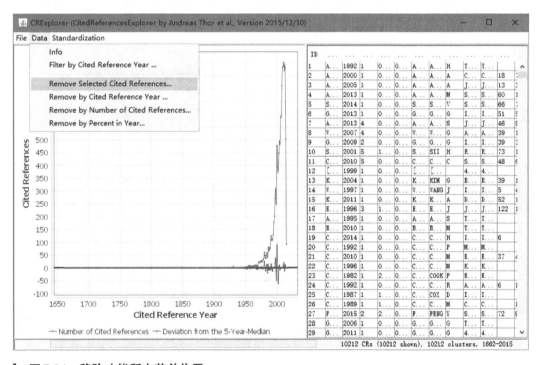

图7.34 移除功能所在菜单位置

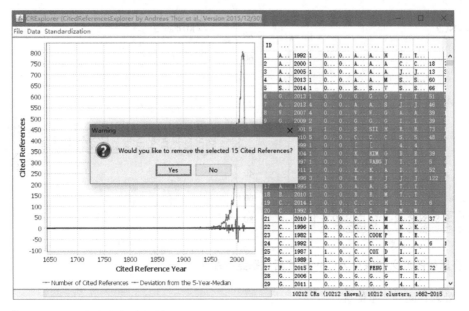

图7.35 移除选定的文献

Remove Selected Cited References（移除选定的文献），即在右侧的表格中选择一个或者多个文献，然后在菜单中选择该功能进行移除，如图7.35。

在Data菜单栏中选择Remove by Cited Reference Year，在对话框中输入要移除的时间段，From为时间段的开始，To为结束，如图7.36。

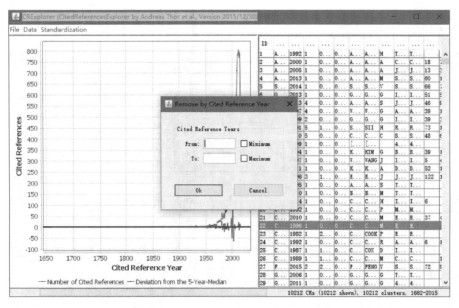

图7.36 移除某一时段的文献

在Data菜单栏中选择Remove by Number of Cited References，可以按照参考文献被引用的次数来进行移除，如图7.37。

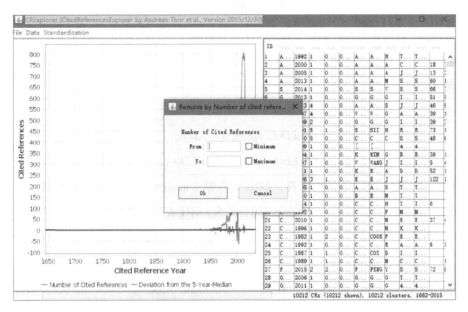

图7.37　按照引证次数来移除

在Data菜单栏中选择Remove by Percent in Year，可以按照文献在所在年份的引证百分比来进行移除。在此对话框中，可以手动输入要移除的百分比，并在前面的下拉功能中选择＜、＜＝、＝、＞＝和＞，如图7.38。

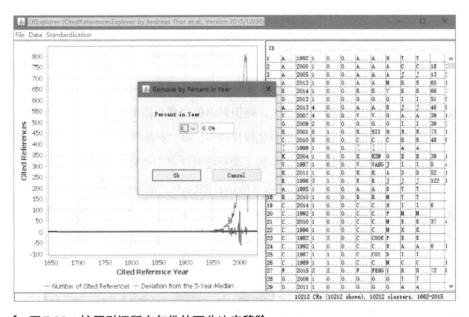

图7.38　按照引证所在年份的百分比来移除

（2）相同文献的识别和消歧处理

CRExplorer识别相同文献的方式是使用莱文斯坦相似性（Levenshtein Similarity）[①]方法进行计算，该算法的具体含义是：两个字符串，由一个转换成另外一个所需的最少编辑操作次数，因此又称为编辑距离。许可编辑操作包括：将一个字符替换成另一个字符（substitution）；插入一个字符（insertion）；删除一个字符（deletion）。该算法被广泛地应用于拼写检查、语音辨识和抄袭侦测等领域。

两个字符串$s_1$和$s_2$的相似度的计算公式如下：

$$\text{sim}(s_1, s_2)=1-LD(s_1, s_2)/\max(|s_1|, |s_2|)。$$

上式中$|s|$为字符的长度，$LD(s_1, s_2)/$为Levenshtein距离，$LD(s_1, s_2) \in [s_1, s_2]$。对于相等的字符，$LD(s_1, s_2)$等于0；对于完全不同的字符，$LD(s_1, s_2)$等于$\max(|s_1|, |s_2|)$。上式的计算结果$\text{sim}(s_1, s_2) \in [0,1]$，若为0则代表两个字符完全不同，若为1则代表两个字符完全相同。在默认情况下，软件设定的该参数阈值为0.75，可以自行调整。初始运行计算时，仅仅考虑了作者的姓（Last name）和出版物（Source title）来识别相同文献。

软件中的操作步骤是，导出数据以后，在菜单栏的Standardization中可以对相同的文献进行识别。Cluster Equivalent Cited References可以用来对文献进行聚类，相同的文献将会被划分到同一个类别里面（如图7.39）。与此同时Cluster和Cluster ID发生了变化，即Cluster默认都为1，聚类识别后变成了1、2、3、……、n，而Cluster ID也变成了1/1、2/1、3/1、……、n/1等。这里被识别出来的Cluster ID标记为N/N。此处的案例数据也识别出了一些相同的文献，例如Cluster ID为1447/1447的文献，共有4个相同的，都为里森（James T. Reason）在1997年出版的 *Managing the Risks of Organizational Accidents*，如图7.40、表7.1。

在使用中要特别注意的是，该算法会错误地识别出一些实际上不相同的文献。为了进一步优化结果，软件在右侧表格界面的上端提供了七类优化参数。第一类参数是Levenshtein，软件提供了游标样式的调节。默认值为0.75，这里用75代替（游标范围为50—100，实际上Levenshtein是处于0—1之间的值）。该数值越大，则识别出的文献相似度越高，识别出的相同文献越少。反之，识别出的文献相似度低，数量也就比较多。第二类参数包含Volume、Page和DOI。选择这些参数后，之前划分到相同聚类中的文献会按照这三个参数继续细化，并分到子类中（如图7.41）。第三类参数为Same、Different、Extract和Undo。单击Same可以把软件没有识别出来的相同文献手动分到相同的聚类中。Different则与Same的功能相反，是把软件识别错的文献从聚类中分离出来。Extract可以分离软件分好的聚类，Undo是用来取消之前的操作。

---

[①] Владимир И. Левенштейн. Двоичные коды с исправлением выпадений, вставок и замещений символов (Binary codes capable of correcting deletions, insertions, and reversals). Доклады Академий Наук СССР (in Russian), 1965, 163(4): 845–848. Levenshtein V I. Binary codes capable of correcting deletions, insertions, and reversals. *Soviet Physics Doklady*, 1966, 10(8): 707–710.

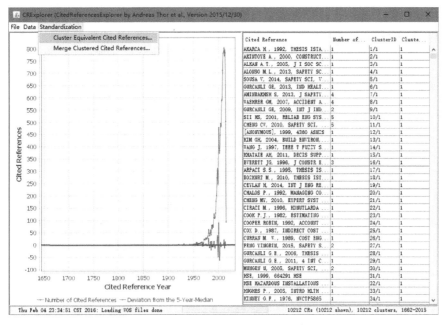

图7.39 相同文献的识别

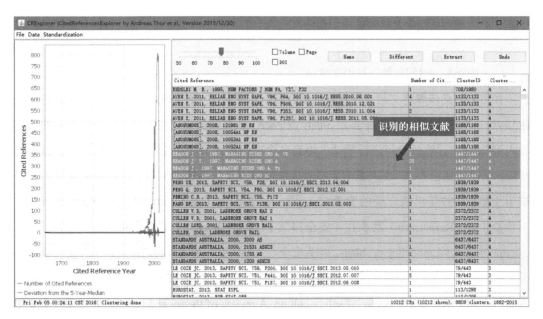

图7.40 识别得到的一些相似文献列表

表7.1 识别的REASON J. T., 1997的相同文献

| 被引的文献 | ClusterID | 引证次数 |
|---|---|---|
| REASON J. T., 1997, MANAGING RISKS ORG A | 1447/1447 | 20 |
| REASON J. T., 1997, MANAGING RISKS ORG A, V6 | 1447/1447 | 1 |
| REASON J., 1997, MANAGING RISK ORG AC | 1447/1447 | 1 |
| REASON J., 1997, MANAGING RISKS ORG A, P1 | 1447/1447 | 1 |
| | | 23 |

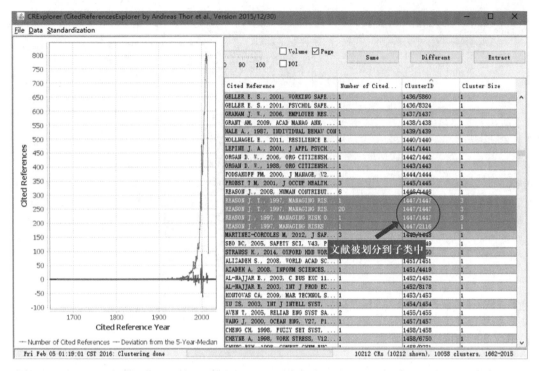

图7.41 相同类别中文献的进一步划分

（3）识别某一时间段的高被引文献

按照上面的步骤将文献进行预处理后，可以选择某一关注的时间段。例如，笔者这里关注1991—2000年间被《安全科学》(Safety Science) 较高频次引用的文献。将分析得到的结果导入到Excel中，然后分年进行筛选，得到各个时间段《安全科学》(Safety Science) 引用的高频次文献（如表7.2）。在列表中能够明显发现1997年的两篇高被引文献和2000年的四篇高被引文献。1997年里森出版的专著 Managing the Risks of Organizational Accidents 和延斯·拉斯穆森（Jens Rasmussen）发表在《安全科学》(Safety Science) 的论文 Risk management in a dynamic society: A modeling problem，均为安全与风险研究领域的经典之作。2000年的几篇高被引文献都是关于安全文化和安全氛围的研究，也是该领域的经典文献。如古尔德蒙（Frank W. Guldenmund）的论文 The nature of safety culture: A review of theory and research 是关于安全文化的系统性综述研究，也是其博士学位论文 Understanding and Exploring Safety Culture 的重要组成部分。

关于CRExplorer的更多介绍，请登录该软件的主页以及学习该软件的介绍性论文 Introducing CitedReferencesExplorer（CRExplorer）：A program for reference publication year spectroscopy with cited references standardization。

## 7.1.4 RPYS i/o 参考文献时间谱分析

RPYS i/o 是柯敏斯（Jordan A. Comins）和莱兹多夫在CRExplorer和RPYS.exe的基础上

表7.2　1991—2000年《安全科学》(*Safety Science*)的高被引文献

| 高被引文献 | 时间 | 被引频次 |
|---|---|---|
| AJZEN I, 1991, ORGAN BEHAV HUM DEC, V50, P179, DOI 10.1016/0749-5978(91)90020-T | 1991 | 5 |
| EAKIN JM, 1992, INT J HEALTH SERV, V22, P689, DOI 10.2190/DNV0-57VV-FJ7K-8KU5 | 1992 | 4 |
| BATTMANN W, 1993, SAFETY SCI, V16, P35, DOI 10.1016/0925-7535(93)90005-X | 1993 | 6 |
| LOVAS GG, 1994, TRANSPORT RES B-METH, V28, P429, DOI 10.1016/0191-2615(94)90013-2 | 1994 | 2 |
| ENDSLEY MR, 1995, HUM FACTORS, V37, P32, DOI 10.1518/001872095779049543 | 1995 | 11 |
| VAUGHAN D., 1996, CHALLENGER LAUNCH DE | 1996 | 8 |
| REASON J. T., 1997, MANAGING RISKS ORG A | 1997 | 23 |
| RASMUSSEN J, 1997, SAFETY SCI, V27, P183, DOI 10.1016/S0925-7535(97)00052-0 | 1997 | 19 |
| HOLLNAGEL E., 1998, COGNITIVE RELIABILIT | 1998 | 7 |
| COX S, 1998, WORK STRESS, V12, P189, DOI 10.1080/02678379808256861 | 1998 | 7 |
| WEICK KE, 1999, RES ORGAN BEHAV, V21, P81 | 1999 | 8 |
| HOFMANN DA, 1999, J APPL PSYCHOL, V84, P286, DOI 10.1037/0021-9010.84.2.286 | 1999 | 7 |
| GULDENMUND FW, 2000, SAFETY SCI, V34, P215, DOI 10.1016/S0925-7535(00)00014-X | 2000 | 15 |
| FLIN R, 2000, SAFETY SCI, V34, P177, DOI 10.1016/S0925-7535(00)00012-6 | 2000 | 11 |
| GRIFFIN M A, 2000, J OCCUP HEALTH PSYCHOL, V5, P347, DOI 10.1037//1076-8998.5.3.347 | 2000 | 10 |
| ZOHAR D, 2000, J APPL PSYCHOL, V85, P587, DOI 10.1037//0021-9010.85.4.587 | 2000 | 10 |

开发的用于参考文献时间谱分析的在线工具。与该工具直接相关的论文，最早于2016年2月5日提交在http://arxiv.org/abs/1602.01950。该应用程序可以分析WoS数据，数据的采集步骤与CRExplorer相同。使用该在线工具的步骤如下：

第一步：登录应用程序界面。

在浏览器中输入http://comins.leydesdorff.net/，登录应用程序界面（如图7.42）。此时可以在线上传要分析的数据，上传的分析数据最大为15M，输入获取的步骤与CRExplorer一致。该界面提供了Standard RPYS和Multi-RPYS的分析功能。

第二步：标准RPYS的分析。

在软件界面单击"选择文件"，加载要分析的WoS数据（如图7.43）。数据加载后会在"选择文件"后面显示加载的文件名称，此时需要单击Submit进入数据加载过程。等待一段时间后，数据加载结束并得到分析的结果。

在结果界面的上部，是与CRExplorer的左侧结果界面类似的可视化结果（如图7.44）。结果包含两个信息，一个是Raw Frequency，这里用条形图显示；另一个是Difference from Median，这里用曲线展示。由于这两组数据在数值上相差较大，因此在RPYS i/o中使用了两个

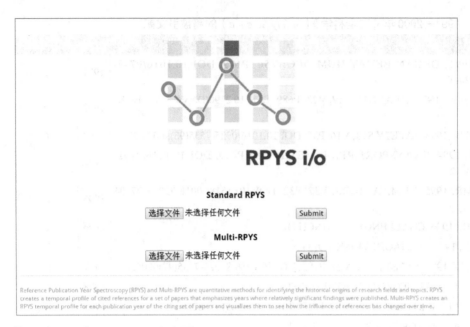

图 7.42　RPYS i/o 应用程序界面

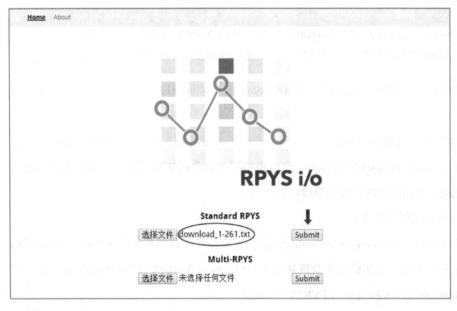

图 7.43　标准 RPYS 的分析

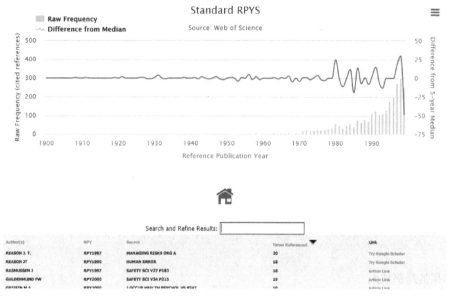

图7.44 标准RPYS的分析结果

y坐标来显示数据，即左侧的y坐标用于Raw Frequency，右侧的y坐标用于显示Difference from Median。需要特别注意的是，CRExplorer可以显示引用文献的所有时间信息，而RPYS i/o仅仅可以显示1900—1999年的引证文献的时间信息。

在结果界面的下面，是文献的列表信息，提供Authors（作者）、RPY（文献发表时间）、Source（出版物来源）、Times Referenced（引证次数）以及Link（文献的全文链接）。在信息检索框中输入RPY1931，可以自动将发表在1931年的文献提取出来，单击首行标签还可以对数据进行排序。如这里单击Times Referenced，数据会按照引证的次数进行排列。信息检索框和引证排序功能有助于发现某年的曲线峰值，即贡献大的文献内容。

为了突出显示所关注的年份，可以使用鼠标右键来选择关注的区域，此时关注的区域就会被放大显示（如图7.45）。

单击图形左侧的Raw Frequency或Difference from Median，可以在图形上隐藏或者显示可视化图形中相应的信息。单击图形右侧的 ≡，可以打印图形，也可以直接将图形下载为PNG、JPEG、PDF或SVG Vector image格式。

第三步：标准Multi-RPYS的分析。

若在标准RPYS界面下要返回主界面进行Multi-RPYS分析，可以单击分析结果界面的 🏠 返回主界面。然后按照分析标准RPYS的步骤，加载数据并Submit要分析的数据。最后，得到的Multi-RPYS的分析结果如图7.46。

Multi-RPYS分析的结果用热力图来展示，y轴为施引文献的时间，如这里使用的是2015年发表的《安全科学》(Safety Science)上的261条文献信息；x轴是所引用文献的发表时间，这里的时

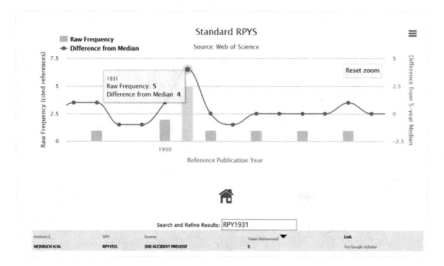

图7.45 结果的局部放大

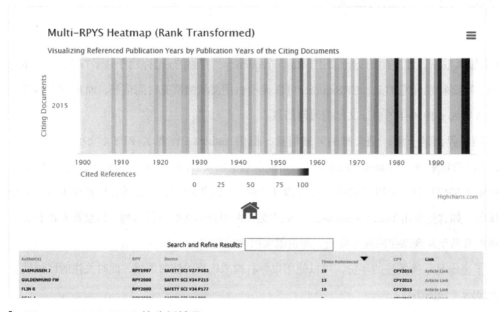

图7.46 Multi-RPYS的分析结果

间跨度为1900—1999;热力图中的颜色区间为0—100,依据5年中位数之差的秩变换值来确定。

由于上面使用的施引文献仅来源于2015年,下面笔者再给出1978—2014年发表在《科学计量学》(*Scientometrics*)上的文献的数据分析的结果(如图7.47),可以明显得到以下文献。如1926年洛特卡(Alfred J. Lotka)发表的 The frequency distribution of scientific productivity[①]论

---

① Lotka A J. The frequency distribution of scientific productivity. *Journal of the Washington Acaclemy of Sciences*, 1926, 16(12): 317-323.

文；1934年塞缪尔·克莱门特·布拉德福（Samuel Clement Bradford）发表的关于文献集中与分散的分布规律论文[1]；1948年布拉德福的专著 *Documentation*[2] 和香侬（Claude E. Shannon）的 A mathematical theory of communication[3] 论文；1949年乔治·金斯·齐普夫（George Kingsley Zipf）的专著 *Human Behavior and the Principle of Least Effort*[4]；1972年加菲尔德发表的引证分析论文[5]；1973年斯莫尔[6]发表的共被引分析论文和加菲尔德的引文索引论文（1979）[7]，以及安德拉斯·舒伯特（Andras Schubert）和蒂伯·博朗（Tibor Braun）（1986）[8]、舒伯特和博朗（1990）[9]、斯坦利·瓦瑟曼（Stanley Wasserman）和凯瑟琳·福斯特（Katherine Faust）（1994）[10]与怀特和麦凯恩（1998）[11]等人的研究。

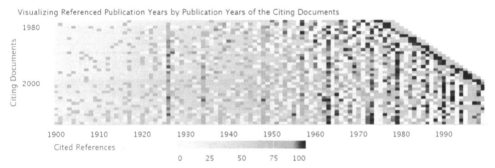

图7.47 《科学计量学》（*Scientometrics*）（1978—2014年）分析的结果

---

[1] Bradford S C. Sources of information on specific subjects. *Engineering*, 1934, 137: 85–86.
[2] Bradford S C. *Documentation*. London: Crosby Lockwood, 1948.
[3] Shannon C E. A mathematical theory of communication. *Bell System Technical Journal*, 1948, 27: 379–423.
[4] Zipf G K. *Human Behavior and the Principle of Least Effort*. Boston: Addison-Wesley Press, 1949.
[5] Garfield E. Citation analysis as a tool in journal evaluation. *Science*, 1972, 178(4060): 471–479.
[6] Small H. Co-citation in the scientific literature: A new measure of the relationship between two documents. *Journal of the American Society for Information Science*, 1973, 24(4): 265–269.
[7] Garfield E. *Citation Indexing: Its Theory and Application in Science, Technology, and Humanities*. New York: Wiley, 1979.
[8] Schubert A, Braun T. Relative indicators and relational charts for comparative assessment of publication output and citation impact. *Scientometrics*, 1986, 9(5–6): 281–291.
[9] Schubert A, Braun T. International collaboration in the sciences 1981–1985. *Scientometrics*, 1990, 19(1–2): 3–10.
[10] Wasserman S, Faust K. *Social Network Analysis: Methods and Applications*. Oxford: Cambridge University Press, 1994.
[11] White H D, McCain K W. Visualizing a discipline: An author co-citation analysis of information science, 1972–1995. *Journal of the American Society for Information Science*, 1998, 49(4): 327–355.

## 7.2 CitNetExplorer常用功能补充

### 7.2.1 Drill down和Expand功能

Drill down英语直译为向下钻取，在这里其实现的功能是进一步深入分析。例如，笔者在引证网络中选择两篇关于合作研究的论文，左侧的选择依据为Based on marked publications，并确定勾选Add intermediate publications。当在引证网络中单击贝渥（beaver）和格兰泽尔（glanzel）的两篇论文时，他们之间连接的论文也被选中。在网络信息显示功能区的Selection中显示一共有17篇论文被标记，之间的引证关系数量为30个，时间为1979—2011，如图7.48。然后，单击菜单栏中的Drill down功能，便会把选中的文献从网络中单独提取出来，如图7.49。

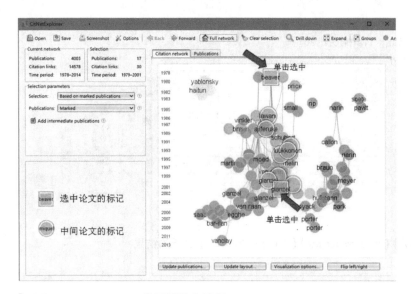

图7.48　Drill down分析的论文选择

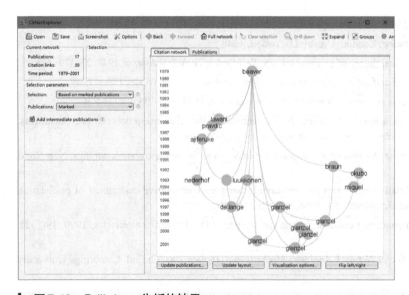

图7.49　Drill down分析的结果

在进行完Drill down分析后，可以进一步进行Expand（网络扩展）分析。在菜单栏中选择Expand，进入Expand设置对话框。这里在Publications中选择Predecessors and successors，将Set Min. number of citation links设置为5，Max. distance设置为1。该案例没有选中界面的Add intermediate publications（可以根据自己分析的需求选择该功能），得到的Expand结果如图7.50。

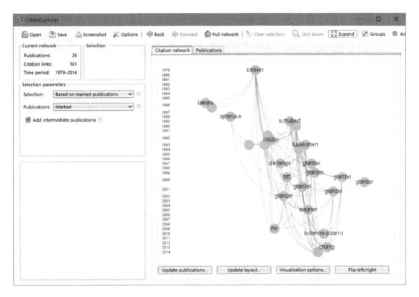

图7.50　扩展后的引证网络

进一步对得到的扩展引证子网络进行聚类，单击菜单栏中Analysis→Clustering，参数设置为Resolution=2，Minimum cluster size=2，并选中Merge small cluster（注意：这里的子网络规模很小，因此笔者将聚类的分辨率提高到2，将聚类的最小规模降低到2），结果如图7.51。

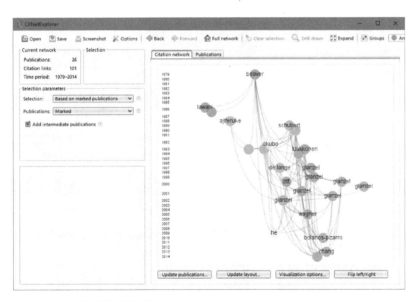

图7.51　子网络的聚类

对于聚类信息，同样可以使用Drill down功能。此时单击菜单栏的Full network，并依次单击菜单Group→Clear all groups→Full network，来删除之前的聚类。并重新对整个网络进行聚类，依次单击Analysis→Clustering，将聚类参数设置为默认数值，单击OK。然后，在网络节点信息展示页面Selection parameters中将Selection选择为based on groups，在Groups中选择Group 4（407 publications），如图7.52。

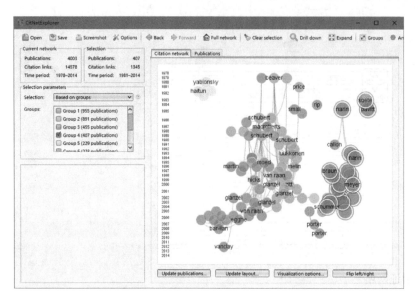

图7.52　按照聚类来选择论文

最后，在菜单栏中单击Drill down，得到了Group 4中文献的详细网络。通过文献标题判断该群组中的论文主要是关于专利、科学技术创新等，如图7.53。

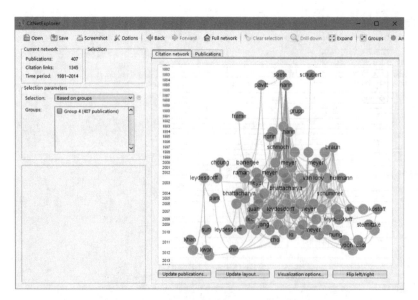

图7.53　使用Drill down功能得到的Group 4的详细信息

### 7.2.2 Core publications 功能

通过对整体网络（如图7.54）中Group 2的Drill down处理，得到Group 2关于合作研究的网络（如图7.55），这里以此网络为例进行Core publications的分析。

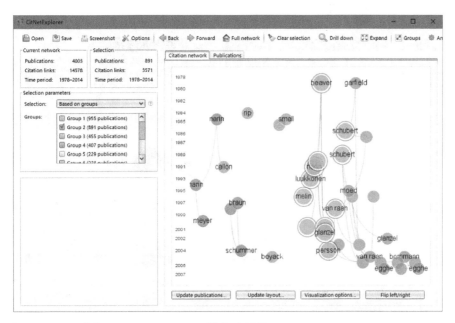

图 7.54　准备Core publications的实验网络

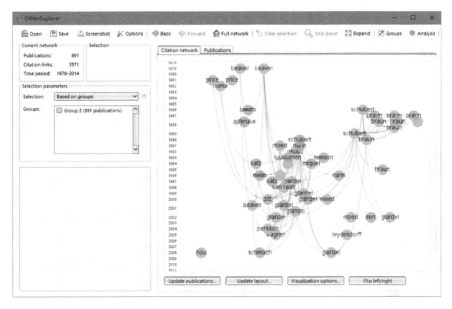

图 7.55　Core publications的实验网络

在菜单栏依次单击Analysis→Core publications，设置Minimum number of citation links=8，选择Assign core publications to new group 11→OK，共识别出56个Core publications，并被归在了group 11中（如图7.56）。可以进一步单击Group 11进行Drill down分析，得到Core publications的详细引证网络信息，如图7.57。

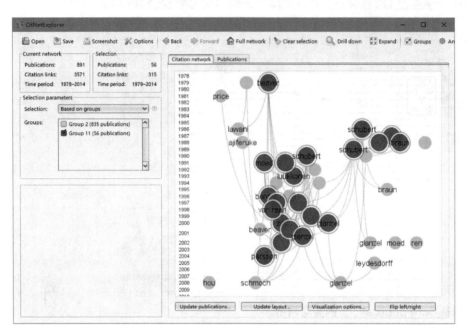

图7.56　Core publications的分析结果

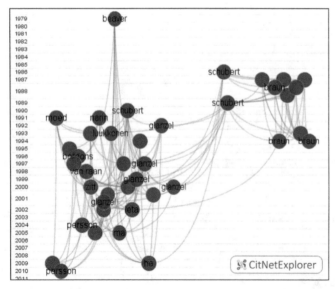

图7.57　Core publications的Drill down分析结果

### 7.2.3 Shortest/Longest path 功能

关于 Shortest/Longest path 功能，这里仍然使用 Group 2 的数据，并在网络中选择 beaver 和 glanzel，如图 7.58。在菜单栏中依次选择 Analysis→Longest path→Assign longest path publications to new Group=11，并单击 OK，最后得到的信息为 A unique longest path of length 8 has been identified，如图 7.59。

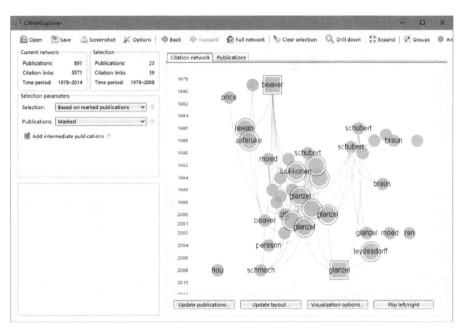

图 7.58　Longest path 功能的实验网络

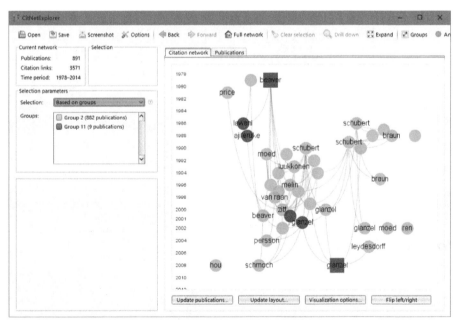

图 7.59　Longest path 分析结果

可以进一步在引证网络信息显示界面中依据Group选中Group 11，并进行Drill down分析。结束后在可视化结果调节Visualization options中选中Transitive reduction功能，得到最后的分析结果，如图7.60。

使用同样的原始网络和选项，分析得到的Shortest path结果如图7.61。

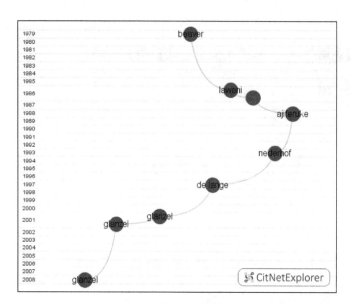

图7.60　Longest path进一步分析的结果

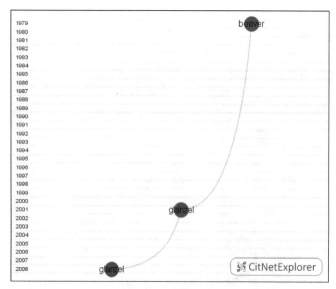

图7.61　Shortest path分析结果

## 7.3 CitNetExplorer对H指数的分析

第一步：数据的检索和下载。

从WoS核心库中（此处包含会议索引）下载主题为H指数的研究论文。通过预检索发现使用h index或h-index的检索策略会得到一些无关结果。因此，需要对得到的结果进一步精炼，如图7.62。

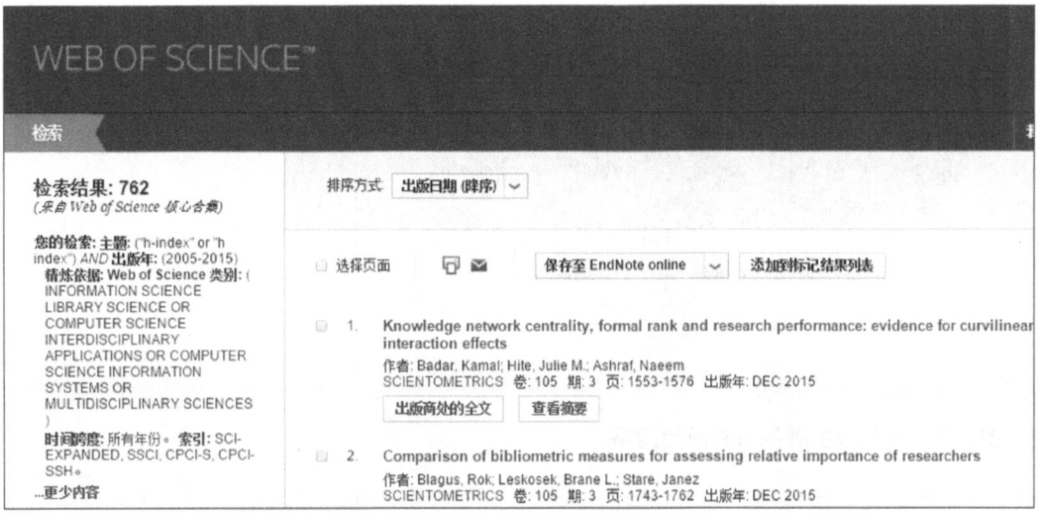

图7.62　对H指数主题数据检索结果进一步精炼的页面

最后的检索式为：

主题：（"h-index" or "h index"）AND出版年：（2005—2015）；

精炼依据：Web of Science类别：（INFORMATION SCIENCE LIBRARY SCIENCE OR COMPUTER SCIENCE INTERDISCIPLINARY APPLICATIONS OR COMPUTER SCIENCE INFORMATION SYSTEMS OR MULTIDISCIPLINARY SCIENCES）；

索引：SCI-EXPANDED，SSCI，CPCI-S，CPCI-SSH。

按照WoS下载和保存数据的方法，将数据下载到本地文件夹。

第二步：数据分析结果。

使用CitNetExplorer分析Top 60的H指数主题的研究论文，具体步骤为打开软件→数据加载→Minimum number of Citations=50→OK，得到可视化原始网络结果，如图7.63。若分析的主题太细，那么网络之间的联系会比较多，造成网络连线比较密。因此，可以单击Visualization options→Transitive reduction来对网络进行裁剪，如图7.64。最后，对网络进行分析发现这些具有影响力的论文的时间跨度为2005—2012年，且在2006—2008年集中出现了大量有影响的论文。特别是在2005年希尔奇（Jorge E. Hirsch）发表关于H-index的论文后[1]，2006年巴蒂斯塔（Pablo Diniz Batista）等[2]和埃格赫（L. Egghe）[3]在其基础上分别提出h-core和g-index的概念。

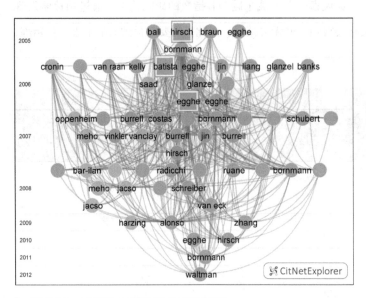

图7.63　H指数主题的引文原始网络

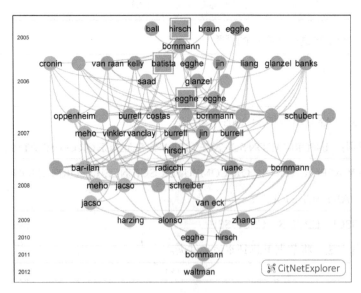

图7.64　H指数主题的TR引文网络

[1] Hirsch J E. An index to quantify an individual's scientific research output. *Proceedings of the National Academy of Sciences of the United States of America*, 2005, 102(46): 16569–16572.

[2] Batista P D, Campiteli M G, Kinouchi O. Is it possible to compare researchers with different scientific interests? *Scientometrics*, 2006, 68(1): 179–189.

[3] Egghe L. Theory and practise of the g-index. *Scientometrics*, 2006, 69(1): 131–152.

待网络分析结果后，在菜单栏依次单击Save→Full network，保存TXT格式的Publications file。保存后，使用Excel读取该TXT文件，可以查看详细的节点信息列表，如图7.65。

| | A | B | C | D | E | F | G |
|---|---|---|---|---|---|---|---|
| 1 | authors | title | source | year | doi | cit_score | incomplete_record |
| 2 | hirsch, je | [not available] | p natl acad sci u | 2005 | 10.1073/pnas.0507655102 | 583 | 1 |
| 3 | egghe, l | theory and practise | scientometrics | 2006 | 10.1007/s11192-006-0144-7 | 247 | 0 |
| 4 | jin, bh; liang, | the r- and ar-indices | chinese science | 2007 | 10.1007/s11434-007-0145-9 | 149 | 0 |
| 5 | van raan, afj | comparison of the h | scientometrics | 2006 | 10.1556/scient.67.2006.3.10 | 140 | 0 |
| 6 | braun, t | [not available] | scientometrics | 2006 | 10.1007/s11192-006-0147-4 | 125 | 1 |
| 7 | egghe, l; rou | an informetric mode | scientometrics | 2006 | 10.1007/s11192-006-0143-8 | 117 | 0 |
| 8 | batista, pd; c | is it possible to com | scientometrics | 2006 | 10.1007/s11192-006-0090-4 | 97 | 0 |
| 9 | bornmann, l; | are there better ind | journal of the a | 2008 | 10.1002/asi.20806 | 97 | 0 |
| 10 | bornmann, l; | what do we know a | journal of the a | 2007 | 10.1002/asi.20609 | 96 | 0 |
| 11 | cronin, b; me | using the h-index to | journal of the a | 2006 | 10.1002/asi.20354 | 92 | 0 |
| 12 | alonso, s; ca | h-index: a review fo | journal of infor | 2009 | 10.1016/j.joi.2009.04.001 | 89 | 0 |
| 13 | egghe, l | [not available] | issi newsletter | 2006 | | 87 | 1 |
| 14 | bornmann, l; | does the h-index fo | scientometrics | 2005 | 10.1007/s11192-005-0281-4 | 86 | 0 |
| 15 | hirsch, je | does the h index ha | proceedings of | 2007 | 10.1073/pnas.0707962104 | 81 | 0 |
| 16 | glanzel, w | on the h-index - a m | scientometrics | 2006 | 10.1556/scient.67.2006.2.12 | 79 | 0 |
| 17 | ball, p | [not available] | nature | 2005 | 10.1038/436900a | 77 | 1 |
| 18 | bar-ilan, j | which h-index? - a c | scientometrics | 2008 | 10.1007/s11192-008-0216-y | 77 | 0 |
| 19 | meho, li; yar | impact of data sourc | journal of the a | 2007 | 10.1002/asi.20677 | 76 | 0 |
| 20 | costas, r; bor | the h-index: advant | journal of infor | 2007 | 10.1016/j.joi.2007.02.001 | 74 | 0 |

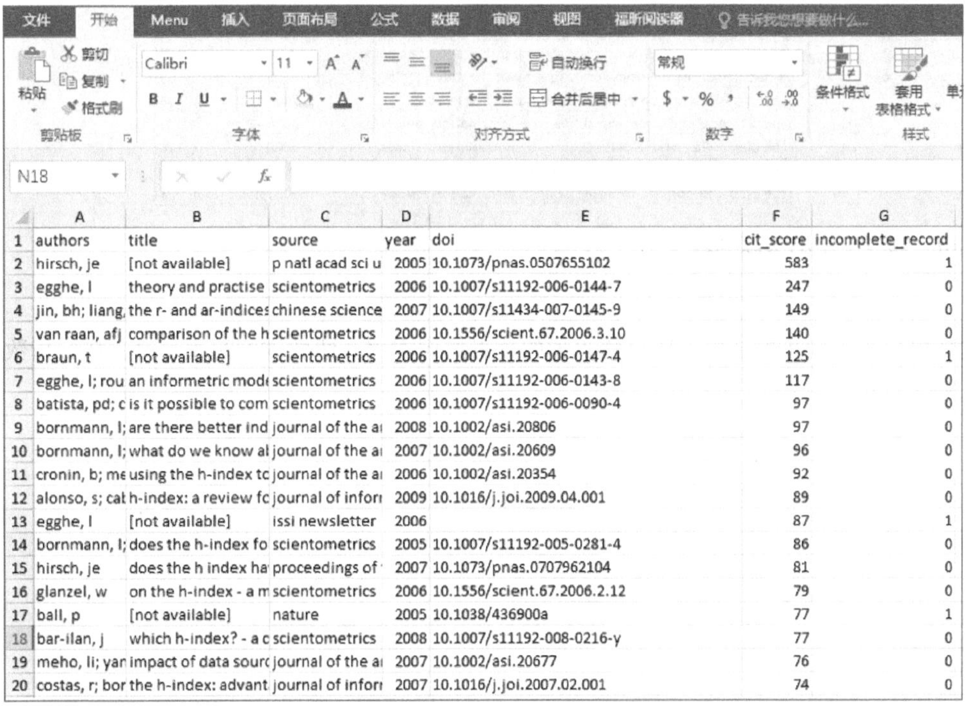

▎图7.65　H指数引证网络的详细信息

可以使用CitNetExplorer的Drill down功能来获取聚类2中文献的引证网络（如图7.66）及其详细列表信息（如图7.67）。

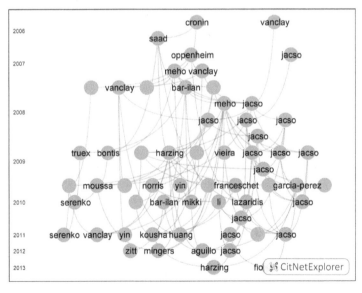

▎图7.66　聚类2中的文献引证网络

| Authors | Title | Source | Year | Cit. score |
|---|---|---|---|---|
| cronin, b; meho, l | using the h-index to rank inf... | journal of the american socie... | 2006 | 92 |
| bar-ilan, j | which h-index? - a comparis... | scientometrics | 2008 | 77 |
| meho, li; yang, k | impact of data sources on cit... | journal of the american socie... | 2007 | 76 |
| oppenheim, c | using the h-index to rank inf... | journal of the american socie... | 2007 | 49 |
| saad, g | exploring the h-index at the ... | scientometrics | 2006 | 47 |
| vanclay, jk | on the robustness of the h-i... | journal of the american socie... | 2007 | 44 |
| meho, li; rogers, y | citation counting, citation ra... | journal of the american socie... | 2008 | 37 |
| harzing, aw; van der wal, r | a google scholar h-index for ... | journal of the american socie... | 2009 | 35 |
| vanclay, jk | ranking forestry journals usi... | journal of informetrics | 2008 | 30 |
| jacso, p | the pros and cons of comput... | online information review | 2008 | 29 |
| jacso, p | the plausibility of computing... | online information review | 2008 | 26 |
| jacso, p | testing the calculation of a r... | library trends | 2008 | 23 |
| jacso, p | the pros and cons of comput... | online information review | 2008 | 21 |

图7.67 聚类2中的文献列表

　　这里仅仅给出初步的结果，建议感兴趣的读者按照本书介绍的详细过程，来完成H指数的相关分析。

# 附 录

## 附录 A  WoS 核心合集数据格式

FN Thomson Reuters Web of Science™

VR 1.0

PT J

AU van Eck, NJ
   Waltman, L

AF van Eck, Nees Jan
   Waltman, Ludo

TI Software survey: VOSviewer, a computer program for bibliometric mapping

SO SCIENTOMETRICS

LA English

DT Article

DE Bibliometric mapping; Science mapping; Visualization; VOSviewer; VOS; Journal co-citation analysis

ID COMPUTATIONAL INTELLIGENCE FIELD; PATHFINDER NETWORKS; SCIENCE; MAPS; GRAPHS

AB We present VOSviewer, a freely available computer program that we have developed for constructing and viewing bibliometric maps. Unlike most computer programs that are used for bibliometric mapping, VOSviewer pays special attention to the graphical representation of bibliometric maps. The functionality of VOSviewer is especially useful for displaying large bibliometric maps in an easy-to-interpret way. The paper consists of three parts. In the first part, an overview of VOSviewer's functionality for displaying bibliometric maps is provided. In the second part, the technical implementation of specific parts of the program is discussed. Finally, in the third part, VOSviewer's ability to handle large maps is demonstrated by using the program to construct and display a co-citation map of 5,000 major scientific journals.

C1 [van Eck, Nees Jan; Waltman, Ludo] Leiden Univ, Ctr Sci & Technol Studies, Leiden, Netherlands.
   [van Eck, Nees Jan; Waltman, Ludo] Erasmus Univ, Inst Econometr, Erasmus Sch Econ, NL-3000 DR Rotterdam, Netherlands.

RP van Eck, NJ (reprint author), Leiden Univ, Ctr Sci & Technol Studies, Leiden, Netherlands.

EM ecknjpvan@cwts.leidenuniv.nl; waltmanlr@cwts.leidenuniv.nl

RI van Eck, Nees Jan/B-6042-2008

OI van Eck, Nees Jan/0000-0001-8448-4521

CR Garfield E, 2009, J INFORMETR, V3, P173, DOI 10.1016/j.joi.2009.03.009

PETERS HPF, 1993, RES POLICY, V22, P23, DOI 10.1016/0048-7333(93)90031-C

Zitt M, 2000, SCIENTOMETRICS, V47, P627, DOI 10.1023/A:1005632319799

Kopcsa A, 1998, J AM SOC INFORM SCI, V49, P7

SCHVANEVELDT RW, 1988, COMPUT MATH APPL, V15, P337, DOI 10.1016/0898-1221(88)90221-0

RIP A, 1984, SCIENTOMETRICS, V6, P381, DOI 10.1007/BF02025827

Eilers PHC, 2004, BIOINFORMATICS, V20, P623, DOI 10.1093/bioinformatics/btg454

Van Eck NJ, 2007, ST CLASS DAT ANAL, P299

Klavans R, 2006, J AM SOC INF SCI TEC, V57, P251, DOI 10.1002/asi.20274

Boyack KW, 2005, SCIENTOMETRICS, V64, P351, DOI 10.1007/s11192-005-0255-6

Chen CM, 2006, J AM SOC INF SCI TEC, V57, P359, DOI 10.1002/asi.20317

van Eck NJ, 2009, J AM SOC INF SCI TEC, V60, P1635, DOI 10.1002/asi.21075

White HD, 2003, J AM SOC INF SCI TEC, V54, P423, DOI 10.1002/asi.10228

Leydesdorff L, 2009, J AM SOC INF SCI TEC, V60, P348, DOI 10.1002/asi.20967

Ahlgren P, 2003, J AM SOC INF SCI TEC, V54, P550, DOI 10.1002/asi.10242

van Liere R, 2003, IEEE T VIS COMPUT GR, V9, P206, DOI 10.1109/TVCG.2003.1196007

KAMADA T, 1989, INFORM PROCESS LETT, V31, P7, DOI 10.1016/0020-0190(89) 90102-6

Bollen J., 2009, PLOS ONE, V4, P4803

Borner K, 2003, ANNU REV INFORM SCI, V37, P179, DOI 10.1002/aris.1440370106

Chen C., 2003, MAPPING SCI FRONTIER

Davidson G. S., 2001, Proceedings IEEE Symposium on Information Visualization 2001. INFOVIS 2001

De Nooy W, 2005, EXPLORATORY SOCIAL N

FRUCHTERMAN TMJ, 1991, SOFTWARE PRACT EXPER, V21, P1129, DOI 10.1002/spe.4380211102

Groenen P. J. F., 2005, MODERN MULTIDIMENSIO

Huisman M., 2005, MODELS METHODS SOCIA, P270

Klavans R, 2006, SCIENTOMETRICS, V68, P475, DOI 10.1007/s11192-006-0125-x

Leydesdorff L, 2004, J DOC, V60, P371, DOI 10.1108/00220410410548144

de Moya-Anegon F, 2007, J AM SOC INF SCI TEC, V58, P2167, DOI 10.1002/asi.20683

Schvaneveldt R. W., 1990, PATHFINDER ASS NETWO

Scott D., 1992, MULTIVARIATE DENSITY

Skupin A, 2004, P NATL ACAD SCI USA, V101, P5274, DOI 10.1073/pnas.0307654100

SMALL H, 1985, SCIENTOMETRICS, V7, P391, DOI 10.1007/BF02017157

Van Eck NJ, 2007, INT J UNCERTAIN FUZZ, V15, P625, DOI 10.1142/S0218488507004911

VANECK NJ, 2008, 10 INT C SCI TECHN I

van Eck NJ, 2006, IEEE COMPUT INTELL M, V1, P6, DOI 10.1109/MCI.2006.329702

VANECK NJ, SCIENTOMETR IN PRESS

Vargas-Quesada B., 2007, VISUALIZING STRUCTUR

NR 37

TC 142

Z9 144

U1 32

U2 179

PU SPRINGER

PI DORDRECHT

PA VAN GODEWIJCKSTRAAT 30, 3311 GZ DORDRECHT, NETHERLANDS

SN 0138-9130

J9 SCIENTOMETRICS

JI Scientometrics

PD AUG

PY 2010

VL 84

IS 2

BP 523

EP 538

DI 10.1007/s11192-009-0146-3

PG 16

WC Computer Science, Interdisciplinary Applications; Information Science & Library Science

SC Computer Science; Information Science & Library Science

GA 609YT

UT WOS:000278695500019

ER


EF

# 附录B  科技文献挖掘及可视化软件

| 编号 | 软件名称 | 开发者 | 功能描述 |
| --- | --- | --- | --- |
| 1 | BibeR | Yang Liu 等 | 在线文献统计及可视化 |
| 2 | BibExcel | Olle Persson | 科学计量与可视化前处理 |
| 3 | Bicomb | 崔雷等 | 矩阵的提取和统计（中文） |
| 4 | CoCites-Co-Citation Tool | Citation Labs | 网页共引分析 |
| 5 | Carrot2 | Audilio Gonzales 等 | 辅助文本可视化 |
| 6 | CiteSpace | Chaomei Chen | 科学计量与可视化分析 |
| 7 | CitNetExplorer | Nees Jan van Eck 等 | 引证网络及可视化 |
| 8 | CRExplorer | Andreas Thor 等 | 数据转换及文献谱分析 |
| 9 | Gephi | Gephi 团队 | 网络可视化分析 |
| 10 | GPS Visualizer | Adam Schneider | 在线辅助地理可视化 |
| 11 | HistCite | Eugene Garfield | 科学计量及引证网络 |
| 12 | Nails-HAMMER | Juho Salminen 等 | 在线可视化分析 |
| 13 | Jigsaw | John Stasko 等 | 辅助文本可视化 |
| 14 | KnowledgeMatrix Plus | KISTI | 科学计量可视化分析 |
| 15 | Leydesdorff Toolkit | Loet Leydesdorff | 科学计量与可视化前处理 |
| 16 | MapEquation | Daniel Edler 等 | 在线网络及演化的可视化 |
| 17 | MATLAB 语言 | Giuseppe Cardillo | 科学计量分析 |
| 18 | Netdraw | Stephen Borgatti 等 | 网络可视化分析 |
| 19 | NodeXL Basic | Cody Dunne 等 | 网络可视化分析 |
| 20 | Open Knowledge Maps | Peter Kraker 等 | 在线文献可视化分析 |
| 21 | Pajek | Vladimir Batagelj 等 | 网络可视化分析 |
| 22 | Publish or Perish | Anne-Wil Harzing | 谷歌学术数据采集及分析 |
| 23 | Python 语言 - BiblioTods | Sebastian Grauwin | 科学计量分析 |
| 24 | Python 语言 - Metaknowledge | Reid McIlroy-Young 等 | 科学计量数据可视化 |
| 25 | RPYS i/o | Jordan Comins 等 | 在线文献时间谱分析 |
| 26 | R 语言 - Bibliometrix | Massimo Aria 等 | 科学计量分析 |
| 27 | R 语言 - CITAN | Marek Gagolewski | 科学计量分析 |
| 28 | Social Network Visualizer | Dimitris V. Kalamaras | 网络可视化分析 |
| 29 | SATI | 刘启元 | 矩阵的提取和统计（中文） |
| 30 | Scholarometer | Fil Menczer 等 | 在线引证分析和影响评价 |
| 31 | SCI of SCI | Katy Börner 等 | 科学计量与可视化分析 |
| 32 | ScienceScape | Mathieu Jacomy | 在线文献计量及可视化 |
| 33 | SciMAT | Manolo J. Cobo 等 | 科学计量与可视化分析 |
| 34 | STICCI.eu | Valentín Gómez-Jáuregui 等 | 数据预处理和转换 |

续表

| 编号 | 软件名称 | 开发者 | 功能描述 |
|---|---|---|---|
| 35 | Visone | Ulrik Brandes 等 | 网络可视化 |
| 36 | VOSviewer | Nees Jan van Eck 等 | 科学计量与可视化分析 |
| 37 | Voyant Tools | Stéfan Sinclair 等 | 全文本挖掘及可视化 |
| 38 | WoS2 Pajek | Vladimir Batagelj | 网络文件处理 |
| 39 | WoS Network Tool | ECOOM | 在线合作网络和文献耦合 |
| 40 | Webometric Analyst | Mike Thelwall 等 | 网络计量学分析 |

注：用户可以通过在搜索引擎中输入软件名称搜索，或到李杰科学网博客获取所有软件的链接，http://blog.sciencenet.cn/u/jerrycueb。为了方便读者准确搜索，这里对表中开发者姓名或机构名称不做翻译。

# 参考文献

1. DEB BEAVER D, ROSEN R. Studies in scientific collaboration Part III. Professionalization and the natural history of modern scientific co-authorship [J]. Scientometrics, 1979, 1(3): 231–245.

2. DEB BEAVER D, ROSEN R. Studies in scientific collaboration Part II. Scientific co-authorship, research productivity and visibility in the French scientific elite, 1799–1830 [J]. Scientometrics, 1979, 1(2): 133–149.

3. DEB BEAVER D, ROSEN R. Studies in scientific collaboration Part I. The professional origins of scientific co-authorship [J]. Scientometrics, 1978, 1(1): 65–84.

4. CALLON M, COURTIAL J P, TURNER W A, et al. From translations to problematic networks: An introduction to co-word analysis [J]. Social Science Information, 1983, 22(2): 191–235.

5. CHEN C M, LEYDESDORFF L. Patterns of connections and movements in dual-map overlays: A new method of publication portfolio analysis [J]. Journal of the Association for Information Science and Technology, 2014, 65(2): 334–351.

6. COMINS J A, HUSSEY T W. Compressing multiple scales of impact detection by Reference Publication Year Spectroscopy [J]. Journal of Informetrics, 2015, 9(3): 449–454.

7. COMINS J A, LEYDESDORFF L. RPYS i/o: Software demonstration of a web-based tool for the historiography and visualization of citation classics, sleeping beauties, and research fronts [J]. Scientometrics, 2016, 107(3): 1509–1517.

8. GARFIELD E. Historiographic mapping of knowledge domains literature [J]. Journal of Information Science, 2004, 30(2): 119–145.

9. KESSLER M M. Bibliographic coupling between scientific papers [J]. American Documentation, 1963, 14(1): 10–25.

10. LEYDESDORFF L, BORNMANN L, COMINS J A, et al. Citations: Indicators of quality? The impact fallacy [J]. Frontiers in Research Metrics and Analytics, 2016, 1: 1–15.

11. LEYDESDORFF L, BORNMANN L, MARX W, et al. Referenced Publication Years Spectroscopy applied to *iMetrics*: *Scientometrics, Journal of Informetrics,* and a relevant subset of *JASIST* [J]. Journal of Informetrics, 2014, 8(1): 162–174.

12. LEYDESDORFF L, CARLEY S, RAFOLS I. Global maps of science based on the new Web-of-Science categories [J]. Scientometrics, 2013, 94(2): 589–593.

13. LEYDESDORFF L, PERSSON O. Mapping the geography of science: Distribution patterns and networks of relations among cities and institutes [J]. Journal of the American Society for

Information Science and Technology, 2010, 61(8): 1622–1634.

14. LI J, GUO X H, SHEN S F, et al. Bibliometric mapping of "International Symposium on Safety Science and Technology (1998–2012)" [J]. Procedia Engineering, 2014, 84: 70–79.

15. LEYDESDORFF L, RAFOLS I, CHEN C M. Interactive overlays of journals and the measurement of interdisciplinarity on the basis of aggregated journal-journal citations [J]. Journal of the American Society for Information Science and Technology, 2013, 64(12): 2573–2586.

16. MARSHAKOVA-SHAIKEVICH I. System of document connections based on references [J]. Nauchno-Tekhnicheskaya Informatsiya Seriya 2-Informatsionnye Protsessy I Sistemy, 1973(6): 3–8.

17. MARX W, BORNMANN L, BARTH A, et al. Detecting the historical roots of research fields by reference publication year spectroscopy (RPYS) [J]. Journal of the Association for Information Science and Technology, 2014, 65(4): 751–764.

18. MARX W, BORNMANN L. Tracing the origin of a scientific legend by reference publication year spectroscopy (RPYS): The legend of the Darwin finches [J]. Scientometrics, 2014, 99(3): 839–844.

19. MCCAIN K W. Mapping economics through the journal literature: An experiment in journal cocitation analysis [J]. Journal of the American Society for Information Science, 1991, 42(4): 290–296.

20. NEWMAN M E J. Fast algorithm for detecting community structure in networks [J]. Physical Review E, 2004, 69(6).

21. NOACK A. Modularity clustering is force-directed layout [J]. Physical Review E, 2009, 79(2).

22. NOACK A. Energy Models for Graph Clustering[J]. Journal of Graph Algorithms and Applications, 2007, 11(2): 453–480.

23. SEIDMAN S B. Network structure and minimum degree [J]. Social Networks, 1983, 5(3): 269–287.

24. SMALL H. Co-citation in the scientific literature: A new measure of the relationship between two documents [J]. Journal of the American Society for information Science, 1973, 24(4): 265–269.

25. THOR A, MARX W, LEYDESDORFF L, et al. Introducing CitedReferencesExplorer (CRExplorer): A program for reference publication year spectroscopy with cited references standardization [J]. Journal of Informetrics, 2016,10(2): 503–515.

26. VAN ECK N J, WALTMAN L. CitNetExplorer: A new software tool for analyzing and visualizing citation networks [J]. Journal of Informetrics, 2014, 8(4): 802–823.

27. VAN ECK N J, WALTMAN L, NOYONS E C M, et al. Automatic term identification for bibliometric mapping [J]. Scientometrics, 2010, 82(3): 581–596.

28. VAN ECK N J, WALTMAN L. Software survey: VOSviewer, a computer program for bibliometric mapping [J]. Scientometrics, 2010, 84(2): 523–538.

29. VAN ECK N J, WALTMAN L. How to normalize co-occurrence data? An analysis of some well-

known similarity measures [J]. Journal of the American Society for Information Science and Technology, 2009, 60(8): 1635–1651.

30. VAN ECK N J, WALTMAN L. Visualizing bibliometric networks [M]//DING Y, ROUSSEAU R, WOLFRAM D (Eds.). Measuring Scholarly Impact: Methods and Practice. Heidelberg: Springer, 2014, 285–320.

31. VAN ECK N J, WALTMAN L.VOS: A new method for visualizing similarities between objects [M]// DECKER R, LENZ H J (Eds.), Advances in Data Analysis. Berlin: Springer, 2007.

32. WALTMAN L, VAN ECK N J. A smart local moving algorithm for large-scale modularity-based community detection [J]. European Physical Journal B, 2013, 86.

33. WALTMAN L, VAN ECK N J, NOYONS E C M. A unified approach to mapping and clustering of bibliometric networks [J]. Journal of Informetrics, 2010, 4(4): 629–635.

34. WHITE H D, GRIFFITH B C. Author cocitation: A literature measure of intellectual structure [J]. Journal of the American Society for information Science, 1981, 32(3): 163–171.

35. WRAY K B, BORNMANN L. Philosophy of science viewed through the lense of "Referenced Publication Years Spectroscopy" (RPYS) [J]. Scientometrics, 2015, 102(3): 1987–1996.

36. 陈悦，陈超美，胡志刚，等．引文空间分析原理与应用：CiteSpace实用指南[M]．北京：科学出版社，2014．

37. 李杰，陈超美．CiteSpace：科技文本挖掘及可视化[M]．北京：首都经济贸易大学出版社，2016．

38. 李杰等编．安全科学技术信息检索基础[M]．北京：首都经济贸易大学出版社，2014．

39. 李杰．安全科学知识图谱导论[M]．北京：化学工业出版社，2015．

40. 刘则渊，陈悦，侯海燕，等．科学知识图谱：方法与应用[M]．北京：人民出版社，2008．

41. 刘则渊，陈悦，侯海燕，等．技术科学前沿图谱与强国战略[M]．北京：人民出版社，2012．

42. 肖明编．知识图谱工具使用指南[M]．北京：中国铁道出版社，2014．

43. 赵丹群．试论科学知识图谱的文献计量学研究范式[J]．图书情报工作，2012，56（6）：107–110．

## 图书在版编目（CIP）数据

科学知识图谱原理及应用：VOSviewer和CitNetExplorer初学者指南 / 李杰著. -- 北京：高等教育出版社，2018.8（2022.1重印）

　　ISBN 978-7-04-049166-1

Ⅰ. ①科… Ⅱ. ①李… Ⅲ. ①数据处理软件-高等学校-教学参考资料 Ⅳ. ①TP274

中国版本图书馆CIP数据核字(2017)第331272号

科学知识图谱原理及应用
——VOSviewer和CitNetExplorer初学者指南
KEXUE ZHISHI TUPU YUANLI JI YINGYONG
——VOSviewer HE CitNetExplorer CHUXUEZHE ZHINAN

| 策划编辑 | 李雅悠 | 责任编辑 | 徐 阳 | 李雅悠 | 封面设计 | 张 志 | 版式设计 | 张 志 |
|---|---|---|---|---|---|---|---|---|
| 插图绘制 | 邓 超 | 责任校对 | 窦丽娜 | | 责任印制 | 赵义民 | | |

| | | | | |
|---|---|---|---|---|
| 出版发行 | 高等教育出版社 | 网　址 | http://www.hep.edu.cn | |
| 社　　址 | 北京市西城区德外大街4号 | | http://www.hep.com.cn | |
| 邮政编码 | 100120 | 网上订购 | http://www.hepmall.com.cn | |
| 印　　刷 | 北京中科印刷有限公司 | | http://www.hepmall.com | |
| 开　　本 | 787mm×1092mm 1/16 | | http://www.hepmall.cn | |
| 印　　张 | 13.75 | | | |
| 字　　数 | 280千字 | 版　次 | 2018年8月第1版 | |
| 购书热线 | 010-58581118 | 印　次 | 2022年1月第3次印刷 | |
| 咨询电话 | 400-810-0598 | 定　价 | 98.00元 | |

本书如有缺页、倒页、脱页等质量问题，请到所购图书销售部门联系调换
版权所有　侵权必究
物料号　49166-00

## 郑重声明

高等教育出版社依法对本书享有专有出版权。任何未经许可的复制、销售行为均违反《中华人民共和国著作权法》，其行为人将承担相应的民事责任和行政责任；构成犯罪的，将被依法追究刑事责任。为了维护市场秩序，保护读者的合法权益，避免读者误用盗版书造成不良后果，我社将配合行政执法部门和司法机关对违法犯罪的单位和个人进行严厉打击。社会各界人士如发现上述侵权行为，希望及时举报，本社将奖励举报有功人员。

反盗版举报电话　（010）58581999　58582371　58582488
反盗版举报传真　（010）82086060
反盗版举报邮箱　dd@hep.com.cn
通信地址　　　　北京市西城区德外大街4号
　　　　　　　　高等教育出版社法律事务与版权管理部
邮政编码　　　　100120